HORRIBLE SCIENCE

可怕的科学

经典数学系列

测来测去——
长度、面积和体积

DESPERATE MEASURES:
LENGTH, AREA AND VOLUME

〔英〕卡佳坦·波斯基特／原著　〔英〕菲利浦·瑞弗／绘　彭薇达／译

北京出版集团

北京少年儿童出版社

著作权合同登记号

图字:01-2009-4295

Text copyright © Kjartan Poskitt，2000

Illustrations copyright © Philip Reeve，2000

Cover illustration © Rob Davis，2008

Cover illustration reproduced by permission of Scholastic Ltd.

图书在版编目(CIP)数据

测来测去：长度、面积和体积／（英）波斯基特（Poskitt，K.）原著；（英）瑞弗（Reeve，P.）绘；彭薇达译．—2版．—北京：北京少年儿童出版社，2010.1（2025.3重印）

（可怕的科学·经典数学系列）

ISBN 978-7-5301-2338-6

Ⅰ.①测… Ⅱ.①波… ②瑞… ③彭… Ⅲ.①初等几何—少年读物 Ⅳ.①O123.3-49

中国版本图书馆 CIP 数据核字（2009）第 181270 号

可怕的科学·经典数学系列

测来测去——长度、面积和体积

CE LAI CE QU——CHANGDU、MIANJI HE TIJI

［英］卡佳坦·波斯基特　原著

［英］菲利浦·瑞弗　绘

彭薇达　译

*

北 京 出 版 集 团　出版
北 京 少 年 儿 童 出 版 社

（北京北三环中路6号）

邮政编码:100120

网　　址：www.bph.com.cn

北 京 少 年 儿 童 出 版 社 发 行

新 华 书 店 经 销

河北宝昌佳彩印刷有限公司印刷

*

787毫米×1092毫米　16开本　11印张　50千字

2010年1月第2版　2025年3月第73次印刷

ISBN 978-7-5301-2338-6

定价：25.00 元

如有印装质量问题，由本社负责调换

质量监督电话：010-58572171

目 录

一段线有多长 ………………………………… 1

配克、帕姆、品脱和末尼威特 ……………… 15

可用于测量任何物体的米 …………………… 40

大物体、推力和10吨的直尺 ………………… 49

别针的尖儿有多少米 ………………………… 58

密封的盒子问题 ……………………………… 64

进展顺利吗 …………………………………… 71

从正方形到咖喱污痕 ………………………… 77

重量——为什么人人在此犯大错 …………… 96

亮闪闪、乱七八糟、摇摇晃晃的角 ………… 100

块、柱和一个原理问题 ……………………… 112

你的密度是多少 ……………………………… 130

时间为什么不受控制 ………………………… 142

从瓦特到天气 ………………………………… 152

所有测量中最令人悲哀的 …………………… 158

啊? 什么?

一段线有多长

在你将要进行的大多数测量中，都包括要弄明白某个物体有多长。因此，对于你来说，这儿有一个用过成千上万次的神奇方法……

> **将直尺或卷尺紧靠你要测量的物体。**

毛虫的长度

很明显，这个方法非常了不起，尤其是当你所测的物体长度是单位长度的整数倍时。

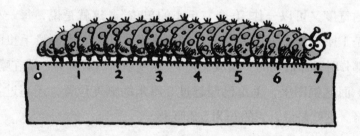

这条友善的小毛虫正好是7厘米长。它真是一个快乐的、对我们有用的小伙子。不幸的是，世界是残酷的，下面这样的事情总是会不可避免地发生……

　　为了从自然界的野蛮中收回思绪，我们来检查一下我们是否确切知道如何使用尺子。尺子上边除了那些大的格，还有很多较小的格，就像这样：

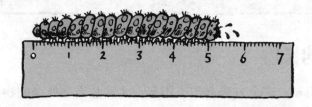

　　在这把尺子上，每一个较大的格正好是 1 厘米（cm），它们之间的宽度又可以分作 10 个"更小的单位"。这就是说，每一小段就是 1 厘米的十分之一，或者说 1 毫米（mm）。当测量毛虫的剩余部分时，你把它的一端放在"0"刻度上，然后看另一端在哪儿。在上面这幅图里，毛虫已经越过 5 厘米的刻度位置，还超过了 3 小格。这就是说，它的长为 5.3 厘米。

　　偶尔你会碰到这样的尺子：

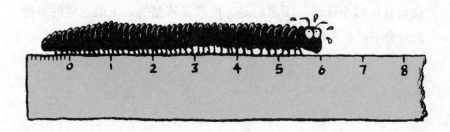

做尺子的人嫌麻烦，因而没有在尺子上标上所有的短线，而是只在"0"点的另一端标出一段短线。要量这条虫子的长度，你应把它的一端放在"0"点上，然后将它稍稍向左滑动到使另一端正好在一个整数厘米的刻度上。在这个例子中，你可以看到，虫子长为6厘米加上7小格，因此总长为6.7厘米。

你的第一次实际操作

真有趣！现在，你已经了解了关于尺子的知识，就应该运用它们来为人们做一些好事了。我们来看一些真正困难的测量吧。

天哪！也许我得测量一条鳄鱼的后背有多长！

嗝儿！

或者我得浸到一只装满沸腾的酸液的罐里去量它的直径！

哇！

酸

或者在一架协和式飞机飞着的时候，我来量它的高度！

别慌——没这样的事儿。你要测量的只是这本书有多宽。放一把尺子在书上，读数。

你将得到一个读数：0.000 128 256 7 千米。

如果你对这个不是特别满意，那么，还有一种表述方法，就是宽度为 1 282 567 000 埃。如果你愿意，那么，还可以说成 0.000 000 000 000 000 012 825 67 光年。怎么样？

哦，那好吧。如果以毫米为单位，你可以得到，书的宽度是 128.256 7 毫米。

得到的读数当然是很明确的。但是，就像你已经看到的那样，测量并不像它看上去那么容易。即使是对于最简单的测量来说，你也有两件事情要做：

▶ 选定最适用的测量单位。

▶ 确定你要达到的准确度。

正确的单位

你所采用的单位必须接近所测物体的"尺寸要求"，也就是说，单位不能太小或是太大。尽管用千米来表示书的宽度并没有什么错，但是，过多的 0 会显得有点儿傻气，而且，很容易落掉一个或是多写一个。

1 千米等于 1 000 米，因此，千米通常用来测量这样的事物，比如你度假走了多远。因此，用它来准确地表示书的宽度就显得太大，这是毫无疑问的。很明显，用毫米表示你度假走了多远又会显得太小。（除非你打算在 8 月里，坐在沙发上的略远处，度过一个愉快的周末。）

5

一光年是光在一年中走过的距离。不用说，光速是快得不可思议的。

仅仅一年，光就能走 9 500 万亿米，因此，光年常用来描述很长的距离，比如与遥远星球或陌生的星系之间的距离。这就是以光年为单位来测量一本书比用千米为单位显得更傻的原因。

另外，1 埃等于 1 米的百亿分之一。（如果你喜欢，你甚至可以用 10^{-10} 米来表示。你待会儿就能看到它是怎么发挥作用的。）埃用来描述非常小的东西，比如原子和光波。它们有一个非常漂亮的符号：Å。

米用来表示书的尺寸，你可以这样描述：书宽 0.13 米（0.13 m）。但是，如果小数点前有一些数字的话，常常会更好。因此，由于 1 米等于 1 000 毫米，你可以说，书的宽度是 130 毫米。有人更喜欢用厘米，由于 100 厘米等于 1 米，因此，书的宽度就是 13 厘米。在第 7 页有一个完整的表，可以参照。

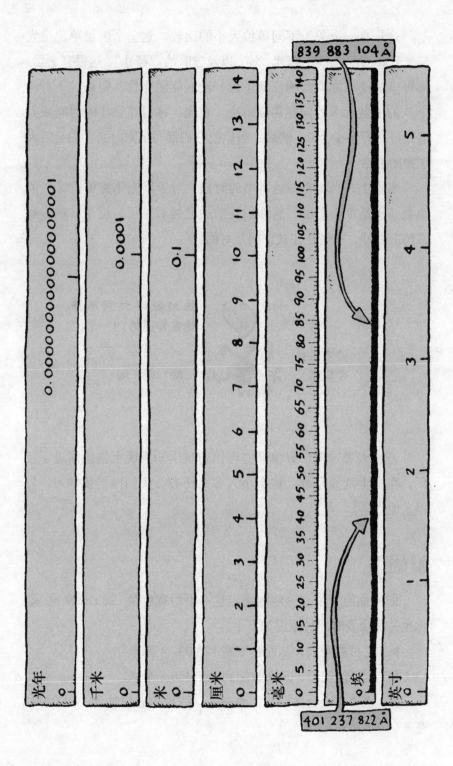

这儿有一个关于不同单位大小的比较。这 7 个度量单位是光年、千米、米、厘米、毫米、埃，以及过时的"英寸"，这很有意思。你可以随便用你喜欢的任何单位，没人能阻止你，但是，还有一个 0 的个数太多的问题需要解决。首先，你得花数年的时间来弄清楚应当有多少个 0，然后，当你把它们都写下来时，人们会瞪大了眼睛去数。

事实上，当我在写这本书的时候，对于以光年为单位时 0 的个数，也是很小心的，这你们在前边已经看见了。但是，就像通常情况那样，作者往往被证明是对的。

你对数字一窍不通，
你是知道的！！

波吉特是
个笨蛋！

呃！呃！呃！

好让人难过啊！好像那些可怕的数学知识晚上偷偷溜进了工厂，在书上乱涂乱画。这个小人多么伤心。我们得继续学习，管不了他们了。

准确度

即使你能非常准确地测量出这本书的宽度是 128.256 7 毫米，你也是在浪费时间。原因如下：

▶ 它可能受潮，从而膨胀到 128.987 4 毫米。

▶ 它可能受冷，从而收缩到 127.455 3 毫米。

▶ 也许有人会激动地翻动书页，结果把它拉抻到 130.011 2 毫米。

▶ 书边从来就不是笔直的。下面是一本书边的一处：

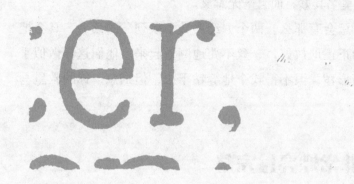

当你将书往下移的时候，多余的墨块和书纸上的小洞会对书的宽度产生 0.5 毫米的影响，而这个影响就使你那 128.256 7 毫米的测量结果变得毫无意义。

但是，不用给出这么多数字，主要还是因为没人关心。

那么，你应当测到第几位数字呢？这完全取决于你所做的工作。如果你正在做脑移植手术，处理所有细小的神经末梢，那么，你就的确应该做到非常准确，将你的测量结果精确到 1 米的百万分之一。因为，如果脑部神经连错了，那么，当病人想挠自己的膝盖时，可能会踢到鼻子。如果你的大颊鼠昏死过去，你要埋葬它，为它挖一个大约 1 米深的坑，那精确度就已经足够了。

说实话，我感觉好极了！

对于测量这本书来说，就像先前我们看到的那样，130 毫米似乎已非常接近真实值。如果你想要更准确一点儿，那你可以说它是128毫米，这就足够了！如果你在末尾添上更多的数字，会让人觉得你莫名其妙，而且毫无意义。

当然，总会有那么一两个"经典数学系列"的读者，真会把这本书端端正正地放好，一丝不苟地测量起来。他们这样做似乎会让你自惭形秽，恨不得找个地缝钻下去，但别急，你的救星马上就来了。

看起来非常漂亮且完整

在生活中，无论你选择干什么，都会暗藏很多玄机，对此，你只需掌握即可，否则，就显得太不行了。比如说，当你打篮球时，如果你不能让球在你的指尖旋转，那你就会默默无闻。如果你是一个教区牧师，那么，你能同时干以下几件事情是非常关键的：托着茶碟上的一杯茶，吃着发黏的小圆面包，和一些女教民握手，以及防止彩券四处飞散。

伐木工人从来不会因为得到碎木屑而哭泣，资历浅的医生认为睡眠不足是衰弱的标志，如果你是大颊鼠，那么，除非你能在口中塞下至少2个星期的食物，否则，你会非常不合群。（这句话是用来警告大颊鼠们的——你不要试图在嘴中塞下3个星期的食物。也许那样会显得极酷，但是记住，你的身体很小，你没法消化那些食物。）

对于数学，你没办法昂首阔步，除非进行"取整"。这是一个要滑的办法，可以减少你在测量中得到的数字个数，但是，你应尽量保证剩下来的数字的准确性。取整本身完全是一个人为形式，它包括一些常规的东西，比如"有效数字"和"相关零数"，但是，这儿没有太多的篇幅讲到这些，不过你可以到《你真的会 + － × ÷ 吗》去看看。

现在，你所需要做的是确定你需要多少位数，剩下部分就用0代替……但是，这也得看下一位数是什么。如果是5，或者比5更大，那你的最末一位数就应该再加1。再来看一下我们这个愚蠢的测量：

最重要的　　比较重要的　　重要的

128.2567

极其重要的　　不重要的　　谁会注意？

如果你想精确得比较合理，你可以只用最重要的 3 位数，也就是 128.0 000，它和 128 是一样的。如果你想做到非常精确，你可以写 128.3，因为前 4 位数是 128.2，但是，下一位是 5，因此，末尾的 2 得再加上 1。如果你想只写两位数，那么，经过四舍五入，你可以得到 130。

如果你还有任何疑问，那就想象一下在一把直尺上进行测量的情景。

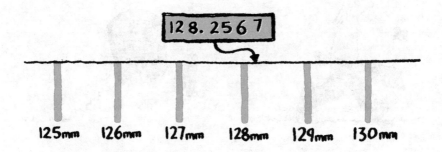

你要做的就是确定哪个刻度离正确的测量结果更近，你需要找到它。

精确度以及消失的书

有时，你会被告知测量所需达到的准确程度，说得好听一些，这就叫"精确度"。你也许会被要求拿出一个"精确到 3 位数"或者"精确到 2 位数"的测量结果，或者，你是一位脑科大夫，需要"精确到 10 位数"的数据，因此，你得写下你所需要的数字的全部位数，然后，按照我们先前所看到的那样，对这个数字进行四舍五入。然而，更有可能的是，你的测量结果被要求达到"最近似的整米数"，或者"最近似的毫米数"，甚至是"最近似的光年数"。这往往意味着，你的测量结果中，小数点后不能有任何数字。

最后，我们再来看一下这本书的宽度……以毫米为单位，它是 128.2 567 毫米。看一看……

▶ 精确到最近似的毫米数。128 毫米。简单!

▶ 精确到最近似的厘米数。如果这本书是 128 毫米宽,那么,它是 12.8 厘米宽,但我们把它四舍五入成 13 厘米。

▶ 精确到最近似的整十毫米数。这和取到最近似的 1 厘米数是一样的,但是毫米位上得有一个 0。在这个例子中,我们的得数是 130 毫米。

▶ 精确到最近似的米数。这很有意思。首先,你得把以毫米为单位的测量结果转化成以米为单位,因此,这本书的宽度是 0.1 282 567 米。"精确到最近似的米数"是什么意思呢? 换句话说,我们需要一个以米为单位的整数。因此,就像我们前边所说的那样,小数点后不能有任何数字。这就意味着,"精确到最近似的米数",书的宽度就是 0 米。哇——这就是说,你玩了一个奇妙的,让书消失的魔术!

▶ 精确到最近似的光年数。这太傻了,想都不用去想。

▶ 精确到最近似的埃数。这也是相当愚蠢的。不过,如果有人傻乎乎地想得到一个以埃为单位的宽度,你有 3 种选择:

1. 到一个很大的物理实验室去,用适当的仪器进行测量。(打呵欠。)

2. 让他们迷糊。

3. 骗骗他们。如果你把原始的测量结果转化为以埃为单位的话,得数就是 1 282 567 000 埃。但是,最后的 3 个 0 表明,你的测量是不准确的。为了让它看起来准确,就将末位数字改为 2,得到 1 282 567 002 埃。如果有人对此表示怀疑,他们也无可奈何,除非亲自去测量。哈哈哈,让他们去干吧。

13

▶ 精确到最近似的半毫米数。偶尔，你会碰到一些特殊的精度要求，要求你精确到半个单位。这就意味着，不能像通常的那样，给出一个近似值，你的得数可能会以 0.5 结尾。128.2 567 毫米是更接近 128.0 毫米还是更接近 128.5 毫米呢？运用你的常识来确定这个问题。我们再来看一下直尺。

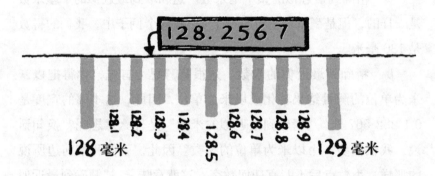

128.2 567 毫米更接近 128.5 毫米的刻度，因此，这就是你应当给出的读数。

以上就是测量长度的基本方法。正如你所看到的那样，它仅仅用到了一些常识，你可以根据正确的尺寸要求和正确的精度要求来测量任何物体。当然，测量各种不同的物体要求用到各种不同的单位，关键是，你得弄清你要用的是哪一种单位，把它找出来。

配克、帕姆、品脱和本尼威特

卖浴缸和打仗

你需要一些钱，因此，你决定卖掉你的浴缸。有人问了你6个问题，但你被这些答案搞得昏昏沉沉。

你能明白哪个答案配哪个问题吗？

它有多长？

它有多重？

它是什么颜色的？

它有几个水龙头？

它能装多少水？

我什么时候可以来看看它？

252升。

2。

187厘米。

41千克。

4点50分。

有圆形的斑点儿。

15

幸好最近有几个简单的小魔术可以解决这个问题：

> 表示长度的词中通常包含"米"，比如厘米。
>
> 表示重量的词中通常包含"克"，比如千克。
>
> 表示液体的量（或者说容积——它表示一个容器所能容纳的物质的量）的词中通常包含"升"。

除了这3种计量单位之外，你还常用小时和分钟表示时间。而如果你描述水龙头的数量，你只需给出数字本身即可。显然，当你描述浴缸的颜色时，你不需要用到任何数字，尽管你在看的时候可能戴着太阳镜。

现在，让我们赶紧回去，再接着卖浴缸。如果这个时期电话还没有发明出来，你只能将一支箭砰的一声射入你的椅子扶手，箭上附着一张便笺，询问一些关于浴缸的问题。你在一张羊皮纸上潦草地写下答案，然后把羊皮纸系在一只鸽子身上，再把鸽子掷出窗外。

不幸的是，你又把它们弄混了：

要把上面的答案和问题对应起来稍微困难点儿，不是吗？关于水龙头和颜色的回答是足够明确的，关于时间的回答也很清楚，因为人们数百年来都采用小时和分钟计时。但是，其他3个回答都采用了古老的计量方法——这些计量方法会让数学显得很难！

让我们回顾一下历史……

当然，你知道这个故事的剩下部分——牧羊人大卫用弹弓打败了歌利亚，成为以色列的国王。

有趣的一点是——歌利亚有多大个儿？

古代，人们丈量物体的小窍门是，一切都以人体为基础。

▶ 1库比特是前臂的长度，也就是从肘部到中指末端这段距离。

▶ 1斯班是手掌完全张开后，拇指到小指的最大距离——2斯班等于1库比特。（你可以用你自己的手掌和手臂来检验。）

▶ 1帕姆是手掌的宽度。

▶ 1迪基特是一根手指的宽度。1帕姆等于4迪基特，1库比特等于24迪基特。

可是，我还是不明白，歌利亚有多大个儿啊？

库比特、斯班和其他单位的问题在哪儿？你发现了吗？当然，问题就在于，人们的身材尺寸都是各不相同的。即使测量是以一个成年人为基础，成年人的个子也有大有小，因此，1 库比特可能是 40 厘米至 50 厘米之间的任何长度。这就是说，歌利亚（6 库比特 1 斯班）可能有 325 厘米高，也可能只有 260 厘米高。你想想，即使他只有 260 厘米高，那也是一个非常高大的巨人了。（如果你生活在古代，不知道米以及其他常规的公制单位，你会认为歌利亚高 8 英尺 6 英寸。如果你生活在更远古的时代，那么，你可能会见到歌利亚。）

显然，人们得想出一套更好的计量单位。数百年来，英国人一直采用英制的度量单位体系。这套体系包括一个叫作"英尺"的计量单位。这个单位是基于……脚的长度，你听到这一点也许会很惊讶。（过去，这些单位并不是非常完善的。）

当然，这仍然会有一些问题……

21

我有 6 "英尺" 高！

可我只有 2 "英尺" 高！

　　为了不再有混淆，英尺被标准化，以便对于任何人来说，它都是一个同样的长度。为了测量更短的物体，英尺被分作 12 小段，叫作"英寸"。（如果英尺被分作 5 小段，叫作"脚指头"，可能会更有意义，不是吗？可惜他们不这么想。）

　　因为英尺太短，人们就用"步长"来测量长的物体，比如足球场。每一步长就是普通一步的跨度，用它来测量距离非常便利。

　　当然，步长也是非常模糊的，因此，人们常用"码"来代替。1 码等于 3 英尺（对大多数成年人来说，1 码就是一大步的长度）。码用起来还是很方便的，只要你别把它和"巨石码"混淆就行了。

　　不必担心，你不可能碰到"巨石码"，除非你已有 4 000 多岁。专家考察过石器时代的人们建造的古建筑遗址，奇特的是，他们认为那些史前巨石柱采用了一种固定的测量单位，他们为这种测量单位起了"巨石码"这样一个有意思的名字。"巨石码"略短于标准的码，这也许和他们也用步长测量物体有关。

当罗马人漫步时

如果你想测量两座城镇之间的距离，那么，英尺和码都太短了，不方便测量。因此，古罗马人就采用"英里"解决了这个问题。问题是，1 罗马英里等于 1 000 罗马步长，而古罗马人把 2 步算作 1 步长，单单这点就够让人糊涂了。

如何测量 1 罗马步长

▶ 右脚上穿一只细高跟鞋。

▶ 沿着潮湿的岸边走。

▶ 不要理会周围怪异的表情。

▶ 沙地上，两个小洞之间的距离就是 1 罗马步长。

23

多亏古罗马人的足迹遍布欧洲的各个角落，他们打败了所有人，所以欧洲的大多数地方都是以英里为单位进行测量的，因此，英里就成为一个标准的长度单位，人们都对它习以为常，并愿意使用。当人们测量长距离时，通常有两种选择：

▶ 他们要么穿着一只细高跟鞋行走，将得数划分成 1 000 份来进行测量。

▶ 或者，他们得算出 1 英里是多少码，然后进行正确的测量。

下面有两个坏消息

1. 可惜的是，他们都有点儿厌烦，因此，他们决定不穿着一只细高跟鞋到处走。

2. 他们算出 1 英里等于 1 760 码。1 760——多可怕的数字！

现在，我们来总结一下这些英制单位：

▶　12 英寸是 1 英尺。

▶　3 英尺是 1 码。

▶　1 760 码是 1 英里（或者 5 280 英尺）。

事实上，这会更难 …… 当测量诸如土地这类物体时，径赛运动员们会发现码这个单位太小，而英里又太大，因此，他们为处于中间的长度另起了名字。是这样的 ……

▶　5.5 码是 1 "罗德"（也可以叫作 "堡尔" "珀奇"）。

▶　4 罗德（堡尔，珀奇）是 1 "切恩"（链长）。

▶　10 切恩是 1 "弗朗"。

▶　8 弗朗是 1 英里。

它确实好些吗？

是的。

上面所列的单位中用到了更常见的长度单位——链长，也就是 "甘特氏链长"。那相当于 22 码，或者 66 英尺。当然，如果你真的想犯迷糊，你就用 "工程师链长"，那是 100 英尺长。

对待测量可不能迷迷糊糊！

甘特氏链长也用于测量面积。如果你有一块 1 链长长，10 链长宽的土地，那它的面积就是 1 英亩。如果换算一下，就是 4 840 平方码。（平方码和平方米将在 80 页介绍。）当然，这块地不一定非得是这种形状，但只要它是 4 840 平方码，它也仍然是 1 英亩……

▶ 除非你是在苏格兰，因为在过去，1 苏格兰英亩是 6 150 平方码（1 苏格兰英里过去等于 1 976 码）。

▶ 或者你是在爱尔兰，因为 1 爱尔兰英亩是 7 840 平方码（1 爱尔兰英里过去就是 2 240 码）。

没关系，这都是你需要知道的——哦，当然，除非你要出海。

水的深度以伐若姆为单位进行测量——1 伐若姆等于 6 英尺。当然，120 伐若姆等于 1 "凯布尔"。来点儿开心的，当你出海时，你得用稍长的"海里"，而不是普通的英里。1 海里等于 6 080 英尺，3 海里等于 1 "里戈"。真让人难受——咱们该说点儿笑话了，不是吗？

好了，笑话不那么好笑，但总比没有强。不管怎么说，你能想象得出必须在学校学习所有这些不同数字的情景吗？不只这个，而且，当你必须处理数据时，却没有任何计算器，因此，你得学会用 1 760 这样的数字进行乘除。对我们而言，幸运的是，还有一些人对这个不太满意……

用来测量距离的单位有这么多，可是重量呢？过去，主要用盎司（oz）、磅（lb）、斯通（st）、英担（cwt），以及吨（t）。它们是这样换算的：

▶ 16 盎司等于 1 磅，14 磅等于 1 斯通。

▶ 100 磅等于 1 小英担（美国用法）。

▶ 112 磅等于 1 大英担。

▶ 20 英担（2 240 磅）等于 1 吨。

当然，那只是当你讨论最常用的重量单位系统时是这样。

如果对珍贵的石头或金属进行称重时，你得用金衡制单位系统，这套系统中包括：

▶ 24 格雷因等于 1 本尼威特（dwt）。

▶ 20 本尼威特等于 1 金衡制盎司（ozt）。

▶ 12 金衡制盎司等于 1 金衡制磅（lbt）。

金衡制单位系统是基于一枚小硬币，这小硬币叫作银便士，它正好重 1 本尼威特。1 格雷因也正好是一粒谷物的重量。

当然不是，这太简单了。事实上，金衡制盎司稍重一些，而普通磅又比金衡制磅重一些，因为它等于 16 盎司，而不是 12 盎司。

除了长度和重量等英制度量衡标准，人们还要用到容积的单位——换句话说，就是液体的体积，因此，他们就发明了一种特别的办法。

27

灵感之争

因此，即使1液体盎司水的重量是1盎司，人们仍然会想要更有意思的数字。想想你自己，液体盎司是一个容积单位，而不是重量单位。如果你有1液体盎司水银（相同体积的水银比水重得多），那么，它和1液体盎司水体积相同，但它会重很多。

农民买卖粮食时，会用到这些容积单位，但是，加仑有点儿小，他们就用配克（相当于2加仑）和蒲式耳（相当于4配克）。

29

　　这是绝对容易混淆的，尽管所有这些奇奇怪怪的词汇和度量单位在 20 世纪 70 年代就已停止使用了，但奇妙的"米"制度量衡的发明却是在大约 200 多年前。

喜欢法国人的充足理由

　　是的，你得把这归功于他们。"米"制度量衡发明于法国，对于全世界所有人来说，它使得数字变得简单得多。

首先，得选定米有多长，因此，他们认为，1 米显然应该是赤道到北极点距离的千万分之一，而且，赤道到北极的这条线得经过巴黎。

当他们解决了米的长度问题之后，就在一块特制的金属上刻下两道记号，这两道记号的间距是 1 米。从此，这个长度就成为全世界测量的依据。（遗憾的是，对有的人来说，保存在巴黎的那块金属上的那两条线太精密，也太简单了。因此，1983 年，人们更加挑剔，决定用光在 $\frac{1}{299\ 792\ 458}$ 秒的时间里，在真空中走过的距离来表示 1 米。长度上没有任何差别。那么，他们为什么要另设一套新体系呢？因为，测量是傻瓜才会干的事，你得带着成吨重的漂亮仪器，而这些仪器只不过是政治家们坚持要用的东西，因为他们认为，这些东西让他们看起来比较聪明。）

当然，量某些东西时，米显得太长，而量另外一些东西时，米又显得太短。但是，他们制定了一套具有迷惑性的换算方案，这一点强过一大堆傻乎乎的名字。这套换算方案乘或除以十、百、千，这和那些采用诸如 $5\frac{1}{2}$、22，或者 1 760 等进制相比，简直太简单了。

这儿有一些关于如何换算的常见例子：

要让米扩大至原来的 1 000 倍，应该在米前边加上"千"。

例子：1 000 米等于 1 千米，或者 1 km。

要让米缩小至原来的 $\frac{1}{100}$，应该在米前边加上"厘"。

例子：$\frac{1}{100}$ 米等于 1 厘米，或者 1 cm。

要让米缩小至原来的 $\frac{1}{1\,000}$，应该在米前边加上"毫"。

例子：$\frac{1}{1\,000}$ 米等于 1 毫米，或者 1 mm。

这很容易让人习惯。如今，"千米"、"厘米"和"毫米"随处可见，而不仅仅是米。另外还有一些不那么常见的词，表示其他的量度。

▶ μm 是微米（或者"micron"）：1 米的 $\frac{1}{1\,000\,000}$（百万分之一）。

▶ nm 是毫微米（现在称为纳米——编者注）：1 米的 $\frac{1}{1\,000\,000\,000}$（十亿分之一）。

▶ pm 是皮米：1 米的 $\frac{1}{1\,000\,000\,000\,000}$（万亿分之一）。

▶ fm 是飞米：1 米的 $\frac{1}{1\,000\,000\,000\,000\,000}$（千万亿分之一）。

▶ am 是阿米：1 米的 $\frac{1}{1\,000\,000\,000\,000\,000\,000}$（百亿亿分之一）。

现在，告诉你一个办法来了解上述单位究竟有多小。单单一根头发就有大约 100 微米（或 100micron）粗细。

关于这些小的单位就说这么多。如果你想测量大的物体，比如星球或星系，这儿有一些你的量尺上应该有的计量刻度：

▶ Mm 就是兆米：1 000 000（百万）米。

▶ Gm 就是吉米：1 000 000 000（十亿）米。

▶ Tm 就是太米：1 000 000 000 000（万亿）米。

▶ Pm 就是拍米：1 000 000 000 000 000（千万亿）米。

▶ Em 就是艾米：1 000 000 000 000 000 000（百亿亿）米。

太阳离我们大约 150 吉米。运动会时，如果有人写下你的名字，让你参加 100 艾米赛跑，你最好写一张病假条。顺便说一句，你应当确保不把 mm（毫米）和 Mm（兆米）弄混，因为它们完全不同！

所有这些有趣的小名称都带有前缀（像毫微、微、千等），它们可用于测量任何物体。如果一台计算机有 1 兆字节的内存处理量，那就相当于 1 百万字节。如果是 1 吉字节的内存处理量，那就相当于 10 亿字节。然而，应当注意的是，如果一台计算机的内存处理量是 1 拍字节，那么，当你上网冲浪时，最好准备一盆香草冰淇淋。

33

（事实上，计算机中的 1 兆字节并不正好等于 1 百万字节，因为计算机处理任何东西都是二进制的，这就表明 1 马伽字节实际上是 2^{20} 字节，计算出来就是 1 048 576 字节。同理，1 吉字节实际上是 2^{30} 字节，或者说 1 073 741 824 字节。由于这些二进制的计算近似于 1 000 000 和 1 000 000 000，用兆字节和吉字节会比较方便。这样的好处是，计算机总是显得比他们所说的要聪明一些。）

当科学家逐渐确定升究竟应该是多大时，他们制定了这样一个有点儿绕的规定：

1 升正好是长宽高均为 10 厘米这样一个立方体的液体量。

对于较小的量，他们以毫升为单位进行测量。而对于较大的量，他们可能用千升。但是，由于 1 千升正好是长宽高均为 1 米的立方体的液体的量，所以，他们往往用立方米来代替千升。

当测量重量时，他们设计了一个同样有用的小把戏，认为：

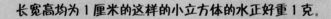

长宽高均为 1 厘米的这样的小立方体的水正好重 1 克。

如果计算一下，你会发现，1 000 个这样的小立方体的水总共就是 1 升，因此，1 升水重 1 000 克，也就是 1 千克。

如果你有 1 立方米水（这水足够装满 1 米 ×1 米 ×1 米的这

样一个水槽），它的重量就是 1000 千克——也就是 1 公吨。（这差不多是 15 个成年人的重量。）

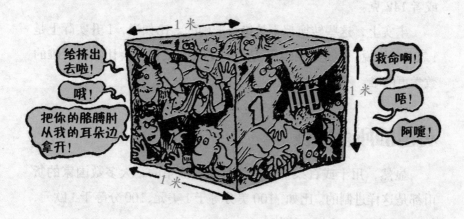

在英国，即使是现在，人们仍然同时使用英制单位和公制单位。在超级市场，成袋的食品的重量常常既用克表示，又用磅和盎司表示——但是，它们之间如何进行换算呢？

这儿有几个例子：

▶　1 米约等于 1.1 码。

▶　1 千米约等于 0.6 英里。

▶　1 千克约等于 2.2 磅。

▶　1 升约等于 1.75 品脱。

而最好的是……

▶　1 公吨刚好等于 1 吨。

首先，你得把 5 盎司转换成磅——而 1 磅等于 16 盎司，所以得数是 5/16 磅。然后，你用 2.2 去除这个数，就得到 0.142 千克或者 142 克。

事实上，这些转换都不是绝对准确的。比如说，1 升实际上是 1.759 8 品脱。但是，如果不是绝对必要，我们不会让本已很难的数学更困难，不是吗？

英国的所有零钱

显然，用十或百乘任何东西都是很简单的，大多数国家的货币都是这样进制的。比如：100 美分等于 1 美元，100 分等于 1 欧元，100 生丁等于 1 法郎，等等。

在英国，100 便士等于 1 英镑，但这是从 1971 年 2 月 15 日开始实行的。在那之前，4 个法热英等于 1 便士，12 便士相当于 1 先令，20 先令相当于 1 英镑！当币制变换的时候，每个人都会犯糊涂，因为，先令突然成了 5 便士，更糟糕的是，2.4 个旧便士只值一个新便士。

另外还有一些稀奇古怪的计量。1 "格罗特" 等于 4 便士，1 "弗罗林" 等于 2 先令，1 "克罗恩" 等于 5 先令，1 "古恩尼" 等于 21 先令——超过了 1 英镑。你的口袋里常常会装着大堆的硬币，其中有价值 12.5 英镑的 "半克罗恩" 硬币，也有价值 10 英镑的 "弗罗林" 硬币！

因此，当你下次想到测量或钱币的计算太困难时，就想一想过去的人们吧，他们那时还没有了不起的公制单位呢！

都用公制单位吗

并非如此。尽管公制单位精确，并且方便，但一些旧的测量单位仍然在使用。在英国和美国，几乎每个人都仍然用英里来描述距离，用英里／小时来描述速度。同时，还有很多年龄偏大的人仍然用码、英尺和英寸，因为他们在学校时努力学会了这些单位，再也无法忘掉。磅（重量单位）和品脱也很普遍。

这儿有一点很重要的事情需要注意。无论你用什么单位，你都得把它弄清楚。不要认为每个人都是使用公制单位，因为，那样的结果会很可怕！

想象你花费数年的时间和数百万的英镑来造一艘飞向火星的火箭。一旦万事俱备，就得等到天气不错，各种条件齐备，火星位置正好的一天，以便发射火箭。

航行持续整整9个月，在这段时间里，火箭航行了超过6.5亿千米，因此，你可以想象得到，当火箭安全接近地球时，你的那份轻松感。现在所需要的是一些辅助性的调整，以便火箭能在正确的轨道运行。因此，在火箭飞到地球另一边之前，你隔着太空进行了这项工作。当它到了地球另一边时，你的无线电望远镜就没法跟踪它了。

终于，你知道你花费的金钱和努力都得到了回报，那就是获得关于火星的大量珍贵资料。但是，在火箭将资料传回给你之前，它还得待在地球的另一边。这时，你所能做的就是等待，等啊等啊，开始有点儿慌，再等，然后开始很慌张，还要等……

这是一个真实的故事。然而火箭在 1999 年 9 月失踪，幸好上边没有人！到底发生了什么呢？后来证明，火箭的指令设计是以米和千米为单位的，但是，造火箭的人是以英尺和磅为单位向火箭发出了最后的修正指令。多么危险的错误！

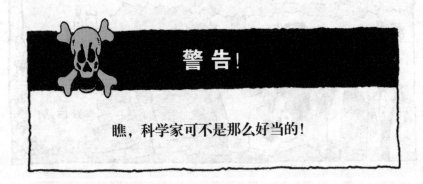

警 告！

瞧，科学家可不是那么好当的！

马为什么需要手

　　有一些固守传统的人拒绝向公制单位妥协，养马的人就是一个很好的例子。尽管人类运动员们参加的是 10 000 米赛跑或 80 米障碍赛，但在英国，赛马的距离常常还是采用旧制单位，比如 5 弗隆，或 1 英里 6 弗隆。马的尺寸也是以"手"进行测量。

　　1 "手"就是一个成年人手掌尽量张开后的宽度，大约为 4 英寸或 10 厘米。

　　量一匹马的尺寸时，是从地面一直量到马的肩部。一匹马至少要有 14 手半高，否则，就是一匹小型马。

最后的注脚

不幸的是，公制单位带来的并非愉悦。因为，当旧的英制单位逐渐消亡之后，一些不错的老笑话也随之而去。看看这些怎么样：

或者甚至是：

在这些顶级笑话流传多年之后，这可能是刊登它们的最后一本书了。有点儿悲哀，是不是？

可用于测量任何物体的米

来自扎戈星的入侵

任何时候，当你测量长度或距离时，你可以选择是用千米、米、厘米，还是毫米，等等。但是，如果你把各种测量值放在一起，那么，用简单的米会容易得多。它省去了很多麻烦，只需在每个测量值后写上千米（km），或者毫米（mm），或者只是米（m）。大多数科学家在研究中要用到大量的数字，这也是事实，你可能很难分清他们写的是什么。

正如我们前边所看到的那样，如果我们只用一种单位，我们可能会在数字末尾用上无数的"0"。但是，有一个小把戏可以避免这种情况。首先，我们来看一下如何处理真正很大的测量结果。任何人都会得到这样的结果吗？

哦，瞧，这是从扎戈星来的伽拉克斯魔，他们是来侵略我们的。

是的，我们想是这样的，但是，你们走了多远到这儿来的？

棒极了！那正是我们所需要的。

41

是的是的，你们随意。现在，如果你们不介意的话，让我们来看一下你们的距离。我们要做的第一件事是只保留3位有效数字，那就是 483 000 000 000 000 000 000 千米。

不要"咬耳朵",这是不礼貌的。现在,我们要做的是在第一个数字后加上小数点,那就是 4.83。

别再说悄悄话了。

现在,我们来数一下,得把小数点挪多少位,才能把 4.83 变成 483 000 000 000 000 000 000。答案是 20 位。也可以这么说,你们航行了 4.83×10^{20} 千米。

当然，那是以千米为单位的，但我们想以米为单位，因此，我们要在这一长串数字末尾再加 3 个零。你知道，因为 1 千米等于 1 000 米。那么，这个数字可以写成 4.83×10^{23} 米。

不，对的。你不知道 10 的幂数这种数学表达吗？这太简单了。因为幂就是数字右上角的那个小数字。例如，10^2 就是"10 的 2 次幂"，等于 2 个 10 相乘。当然，$10 \times 10 = 100$，因此，$10^2 = 100$。你还可以用除了 2 之外的幂。例如，10^6 就是 6 个 10 相乘，即 $10 \times 10 \times 10 \times 10 \times 10 \times 10$，得到的结果是 1 000 000，注意，是 1 后边有 6 个 0。这就是为什么 10^{23} 相当于一个 1 后边有 23 个 0 的原因。

我们可以把你们航行的距离写作 4.83×10^{23} 米，而不是 482 675 578 901 775 330 024 千米。

哦，天哪！他们有点儿太猖狂了，不是吗？现在，你可能会想，该拿一块手帕包住头了，或者藏到沙发什么的后边。但事实上，伽拉克斯魔们犯了一个小小的，但却非常严重的错误……

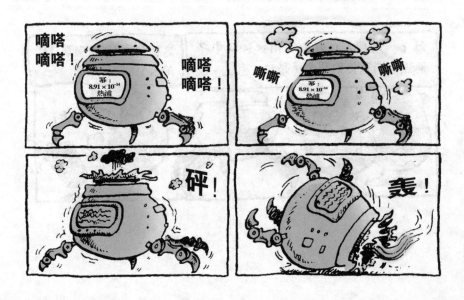

你发现他们所犯的错误了吗?

如果你仔细看能量的设置,将会发现那是 8.91×10^{-14} 热浦。说实话,如果那是 10^{14} 热浦,我们可能会有大麻烦。但是,14 前边有一个小小的负号标志。就是那个小小的负号拯救了地球!如果设置是 8.91×10^{14},那就意味着 891 000 000 000 000 热浦的能量。(要计算出这个数字,你得把小数点向后挪 14 位,空余地方用 0 填充。)那是很多热浦的能量,但幸运的是,它不是 10^{14} 而是 10^{-14}。这个小小的负号意味着将小数点向着相反的方向挪动!

要算出 8.91×10^{-14} 是多少,你得把小数点向左挪 14 位。那样的话,我们就只受到 0.000 000 000 000 089 1 热浦能量的攻击。

因此,正如你所看到的那样,采用这套体系,你可以以米为单位写出许多巨大物体的测量结果,也可以写出许多细小物体的测量结果,而不必写出许多数字。这就解释了为什么 1 埃可以写作 10^{-10} 米。我们知道,1 埃就是 0.000 000 000 1 米。

采用这套体系,它就成了 1.00×10^{-10},但是,你显然不必写上 1.00,因为,任何数乘 1 都不变。

（小数提示：当你把一个数，比如 3.75×10^{-5}，转化成小数形式时，你得将 10 上边的那个小数字减去 1，得到的数就是你应该在小数点后添加的 0 的个数。至于 3.75×10^{-5}，你应该将 5 减去 1，也就是说，你应该在小数点后加上 4 个 0，得到 0.000 037 5。如果是 7.34×10^{-1}，就会得到 0.734。）

计算器如何处理这些问题

如果你有一个计算器，你会发现它自动采用这套体系。输入一个很大的数字，以便得数的长度不会正好适合屏幕的宽度，比如 $334\,455 \times 66\,778\,899$。

这就是你将会得到的：

这是一个相当聪明的计算器。它给出了 10 位有效数字，末尾的"E13"表示，你得将这个数乘以 10^{13}。

这一个也不错，那个右上角的"13"告诉了你所需要的 10 的幂数。

俄文尔特鲁

2.2334537 E13

这个也还行，给出了 8 位有效数字，而且，它还告诉了你，要乘上一个 10^{13}。（你能说出为什么这个计算器稍微聪明一点儿吗？它将末尾的 6 四舍五入到了 7。因为，这个更聪明的计算器向我们表明，下一位数可能是一个比 5 大的 6。大多数计算器都不会进行取整，同样，它们也从不洗碗或者收拾卧室。）

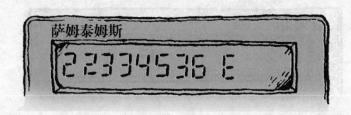

萨姆泰姆斯

22334536 E

这个计算器丢掉了一小块儿，因为，末尾处有一个 E，而 E 后边再没有任何数字。没关系，粗略地处理一下这个数，你仍然可以算出后边 10 的幂数。首先，通过四舍五入，保留一位有效数字。野蛮啊！你得到 300 000 × 70 000 000。然后，将这两个数相乘，得到 3 × 7 = 21。现在，把所有的 0 加在一起（在这个例子中，有12 个 0），这说明，你的答案大约是 21×10^{12}。由于计算器的答案以 22 这两个数字开头，你就可以看到，它约等于你所算出的 21。于是，你可以将小数点放在 22 之后。然后，将计算器中剩下的数加上，就得到 $22.334\ 536 \times 10^{12}$。最后，如果你希望看起来更明确，你可以挪动小数点的位置，从而改变幂数，得到更常见的 $2.2\ 334\ 536 \times 10^{13}$。

47

这个计算器也丢掉了一小块儿，更糟糕的是，小数点应该在哪儿还不确定。你得钦佩它的精神，但是，它后边的那个 E 就让你忽略所有小数点。（有时，它们让人十分迷惑，出现了不止一个！）你仍然能用上述方法得出一个正确的答案。

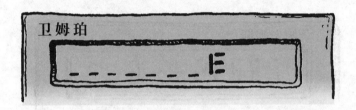

如果屏幕上自动得出一个"E"，那么，至少这个计算器是诚实的。它没有给出答案的线索，给人感觉有点儿羞羞答答，好像随时都会大哭一场。它只想被独自留在手提包底，与纱巾和口红做伴。

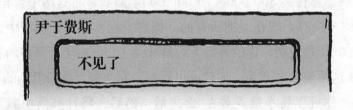

这个计算器存在一个态度问题。它知道你并不是真正想算出 334 455×66 778 899 的结果，你只是在胡闹。你想想，这是没有任何意义的。因此，如果你的计算器不按指令工作，你就将它与大核能站的输出端接通。这会告诉那个刁蛮的小东西，究竟谁是主人。

大物体、推力 和 10 吨的直尺

如果你要测的东西比你的直尺或卷尺长，那怎么办呢？

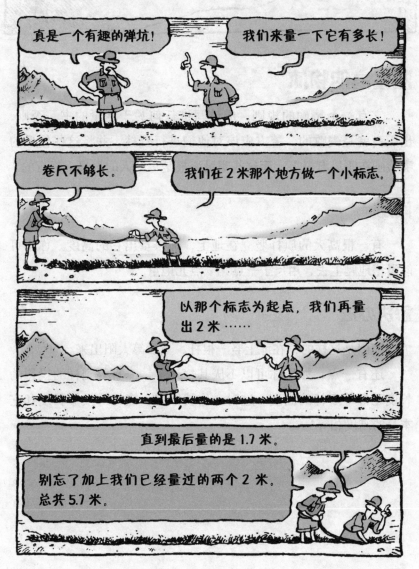

测量高的物体

它有一个精确的规则，应该写进任何关于测量的书，否则，出版商就是失败的，警方应该对他们进行查抄，并将这些傻瓜的嘴脸画在明星海报上，而这些明星海报是每个人的书桌上都有的。

问题

有一根高大的旗杆竖立在地上，你得量出它的高度。你不可能滑稽地爬上去，用尺子一点儿一点儿地量。

解决办法

窍门是这样的，在地上竖一根杆，然后等太阳出来。

还有一点，如果你可以不厌其烦地等，一直等到杆的投影的长度正好等于杆的高度。这时，你就知道，旗杆的投影长度和它本身的高度相等！

50

如果你仔细想想，就能明白这个办法的原理。假设你的杆是1米高，那么，投影就是1米长。如果杆是2米高，那么，投影就是2米长。如果你的杆和旗杆一样高，那么，投影的长度也和旗杆高度一样。但是，你不必用一根和旗杆一样高的杆，而且你只需量旗杆的投影长度！

如果你不愿等……

遗憾的是，有时候这种办法不管用，通常是因为你没有耐心等到杆的投影和杆一样长的时候。另一个原因也可能是没有足够的平地，好让旗杆投影。因此，你得等到当太阳升高，投影变短时，再进行测量。在下面这个例子里，你需要做一些简单的运算，但首先，你得插上杆子，进行如下测量：

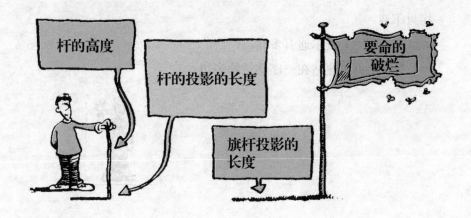

确保所有的长度都使用同样的单位——如果有疑问，就用米！
那么，现在，这儿有一些数据：

▶ 用杆的长度除以杆的投影的长度。

▶ 用得数乘旗杆投影的长度。

▶ 所得就是结果！

如果你更喜欢用公式，那就是这样：

$$旗杆高度 = \frac{杆的长度}{杆的投影的长度} \times 旗杆投影的长度$$

（如果一个公式中有两个数被一条线上下分开，那就表示，用下面的数除上面的数。）

其余的高物体

接下来要说到的这个了不起的诀窍不适用于旗杆，不过可以用于很细的树、篮球运动员，以及直立的火车，而不是轮子着地的火车。（这样能为铁轨节省大量的空间。）在《要命的数学》中，泰戈也是用同样的诀窍来搭救公主的。

但是，这个诀窍不太适用于较宽的树，以及斜顶或圆顶的建筑物，不过，你仍然可以做出一个充分的估计。你需要的朋友叫作贝尔迪。

▶ 量一下贝尔迪有多高。

▶ 让贝尔迪站在一座建筑物旁边。

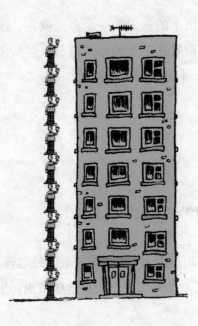

▶ 设想一摞贝尔迪一个踩着一个的脑袋，直到楼顶。

▶ 将虚构的贝尔迪的数量乘他的身高——那就是你的答案！

好！你创造了一个测量的奇迹，如果你不知道其中的秘密的话，这很难算出的！

弯曲的东西

很多时候，你想测量一个东西的长度，而它不是直的。例如，如果你认为你的脑袋里装了一些知识，这些知识是你通过阅读这本书获得的，你想量一下多大的脑袋才能装下这些知识。显然，直尺是没法用的，但是，如果你把卷尺绕脑袋一周，你就能读出结果。

53

不，我读不出来！

如果你没有卷尺，那你就可以用一条细绳，量完后做出一个记号。然后，你就可以把绳沿着直尺拉直。

有时，你得测曲线，比如地图上的道路。一个办法就是，还是用一条细线，非常小心地将它沿着地图上的路线摆放，然后用直尺量出摆放的细线的长度。另一个办法就是滚轮子。

怎样滚轮子

你需要：

▶ 一些好的硬纸。

▶ 一根尖头棍子（最好是旧铅笔）。

▶ 一枚图钉。

▶ 一把4 000瓦的外科手术用激光刀，上面得有数字校准器、铯发射中和器，以及动力热屏蔽。（如果你手边没有这些东西，用一把剪刀也行。）

你要做的：

首先，你得从卡片上剪下一个圆。这个圆的直径应为63.7毫米。这得要有好运气，才能得到正好这么大的一个圆。

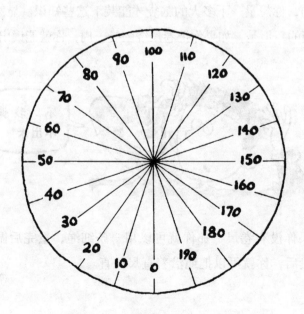

▶ 这就是你的"轮子"，下一步要做的就是沿着轮子的边画小线，每条小线之间间隔 10 毫米，数值上也相差 10。如果你的轮子尺寸正好，那你就可以画下正好 20 条线。（事实上，会有 0.194 52 毫米的空余，但它太微不足道了。）

▶ 然后，你得把这个轮子固定在棍子上，以便要测的点不会太偏离轮子边。

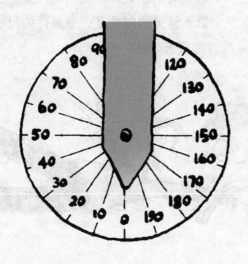

现在，你就可以测量曲线了！

▶ 将轮子放好，让"0"点正好对准棍子的尖端。

▶ 将棍子垂直竖立，将轮子边缘放在你要测量的曲线的起点上。

▶ 移动棍子，使轮子沿着曲线滚动。

▶ 到达曲线终点时，看看棍子尖指向的数字。那就是线的长度！

有两件事需要注意：一是确保当你移动棍子的时候，轮子是沿着正确的路线滚动；二是如果轮子滚动超过一周，那么，最后计算测量结果时，得加上每周的 200 毫米。

如何使用 10 吨的直尺

通常，当你用直尺时，你都能很容易地将它拿起，沿着要测的线放好，然后读数。一切都很不错，而且简单。但是，如果你不能在需要的地方拿起尺子，那会怎样呢？

你常会碰到这种尺子，它不是一个长塑料片，而是印在书上或地图上。另一个常见的问题是，你要用的尺子贴在书桌或画板的边沿。还有一个很不常见的问题是，如果你的尺子是用加强水泥做的，重 10 吨，你该怎么办？

救命啊！我的直尺掉了！

一个答案是，用一条细绳，就像我们前边所说的那样。如果你要测的是一条直线的话，那这个办法是非常好的。

如果你有一套几何工具的话，不要认为那是残忍的武器，里面可能有一个东西，尾部有着非常尖锐的金属针，甚至还有两条铰合在一起的金属腿，这个东西就叫作"圆规"。

呵呵……

圆规有几种用途：

▶ 从贝壳中掏出海味。

▶ 把照片钉在墙上。

▶ 做昆虫实验。

▶ 在聚会上，帮助你得到双份的鸡尾香肠。

▶ 算出装饰漂亮的餐桌的面积。（但我们建议你别这么做，你很快就会发现原因。）

▶ 在水下推动葡萄和大象。（强烈推荐，你稍后就会明白。哎，这本书里全是好东西，不是吗？）

▶ 测量直线长度的极好方式。

如果你真的想在测直线时显得很酷，那么，你就分开圆规，让圆规的两个点正好落在线的两端。然后，你把圆规挪到直尺上（一定要非常小心，不要把圆规腿打开或闭合哪怕一点点），让其中一点落在"0"点上。当然，另一点落下的位置就正好是测量结果。这也许显得有点儿神奇，但这种方法的使用就折射出了整个世界，对于这个世界，你还了解得不够彻底。同时，这还表明，即使只有一把 10 吨的直尺，你也能用。

别针的尖儿有多少米

针尖儿上的线

偶尔，你会这么问，谁又能责怪你呢？米很长，而针尖又很小，因此，你可能会想象一个针尖的直径只有0.001米。看一下：

瞧，利弗先生做了一项很漂亮的工作，画下了这个针尖，不是吗？但是，我们的确意识到，会有一两个读者不能弄清所有细节，因此，这儿有一幅放大的图：

正如你所看到的那样，1毫米的线横穿过去，针尖上仅余下很小的一点儿空间。利弗先生还能再画第二条线吗？

是的！因此，这就意味着针尖上能画2毫米，也许更多。当然，也没有原因解释为什么这些线必须是直的。那么，就让我们来看一下，我们是否能在针尖上画出更长的曲线。

这条线大约 12 毫米。

正如你所看到的那样，假如你真想填满空间，那这条线还可以更长。而如果线再细一点儿，那它还能长得更多。

这条线大约 70 毫米。

上面没法看，还需要再放大一点儿。

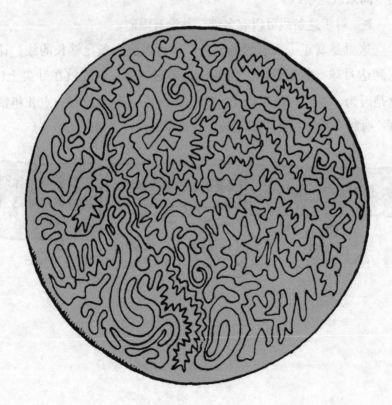

要做的重要事情

在继续阅读之前，有一个相当重要的任务需要你完成。你得找到图中这条线的两端，否则，你别想继续读这本书。记住，一端是不够的。即使是拥有令人憎恶的制图术的利弗精灵，也不能画出只有一个端点的线，因此，一定要把两个端点都找出来。

现在，我们已脱离了我们的系统，来看看针尖上这条线的重要的两个端点吧：

▶ 如果你让线更细，那你就能让线更长，针尖上就会有更多的空间来放这条线。

▶ 对于这条线可以有多细，并没有限制。

这里是真正令人恐慌的部分。你可以画一条足够长的线，让它到达月球，然后返回。但是，如果它够细，就能放在针尖上！这是因为，一条真正的线只有长度——绝对没有一点儿粗细度。有种奇特的表述方法就是，称这条线是"一维"的。

你叫谁"一维"？

你是说我们很浅薄吗？

波斯吉特，你要我狠狠地踢你一脚吗？

数学刚刚被发明时，人们规定两点之间最短的距离是直线。如果你仔细想想就会明白。看看这两个点相距多远。

这条直线长 50 毫米，很显然，那就是这两个点之间的距离。这条曲线长得多，但即使它把两个点连接了起来，它也与这两个点之间的距离无关。另外，注意一下这儿，无论你用粗线还是细线把两个点连接起来，都是无关紧要的，两点之间的距离不变，而我们要测的只是两点之间的距离。正如我们前边所说：线只有长度。

让人费解的是，当我们试图在纸上画线时，我们不得不让它们有一定的粗细度（通常被称为宽度），否则，就没有人能够看见这些线。虽然宽度可能很小，但这意味着我们没有画出一条真正的一维线，得到的只是一块上过色的区域。虽然一条真正的一维线在纸上不占任何空间，但区域会占一定空间。当进行测量时，一块区域有长度和宽度，或者，如果你愿意，可以说，一块区域是"二维"的。（如果你想了解所有令人难以捉摸的空间的问题，就去看《特别要命的数学》中的讲解吧。）

所以，对于"别针的尖儿有多少米"的答案是："你想要多长它就有多长！"

61

如何在书页上画一条真正的线

你想在这页书上画一条仅有长度而没有宽度的线吗？这几乎是不可能的，但是，其诀窍在于你不用铅笔或钢笔，而是用剪刀。

他是对的，你不应剪书，但可以假设一下，你要从书页的边缘沿两条线中间十分整齐地剪开。

当你把这张书页平铺开，你就能在切口处得到一条非常细的线，当然，它没有宽度！你将得到一条漂亮的一维直线。

你剪开了吗？快，扔掉你的剪刀，我们不希望有人受伤。现在翻过这页。

哦，天哪，看看下边。当你翻开这本书时，你并没有意识到它会有多么危险，是不是？好，那现在就给你一个重要的教训，不要在书中剪切书页。

快点儿换上你的衣服，戴上你的假胡须，拿着你的假护照，赶紧到下一章的保险箱中去。

63

密封的盒子问题

芬迪施教授出现了

你必须在任何时候保持警惕，不是吗？甚至是在你冲向商店，急急忙忙去买一盒洗衣粉的时候，也应该随时检查人行道上是不是有未经说明的传感钮——以防无意中踏上去。然而，你踏上去了，因此，会有两个金属钳从附近的垃圾箱中弹出。金属钳会紧抓住你的腿，然后好像整个街道都翻了个个儿。

那就是你现在在垃圾桶边上下摇摆的原因，那个垃圾桶与一个秘密的地下洞穴盖子相连。你看起来吃惊不小，那些小片的垃圾和灰尘飘落到你头下的地上。哦，孩子，不需太多猜测你就能知道谁在身后，你确信听到了一个熟悉的声音……

"哈哈！谢天谢地，你掉进来了。"

是的，那是你的老对头——芬迪施教授。而你，因为倒挂着，所以看着他不太舒服。

"这次我可抓住你了。"他满意地说,"说实话,你觉得我这了不起的陷阱如何?"

"不出我的预料。"你厌烦地打了个呵欠说。

"预料?"教授喘着气问,"真可怕!你知道这花了我多少时间吗?在马路下挖地道,然后修一条完全一样的街道,让它和真正的街道下面相连,以便当它旋转时,没人会注意到不同。"

"1小时23分钟14秒。"

"呃?"教授喘着气问,"你凭什么认为花了1小时23……"

不过,教授随后就注意到了你那令人同情的目光。

"噢,我明白了。这是一个讽刺玩笑,是吧?喏,这花了我数年的时间。每个细节都得一丝不苟地设计,每个技术环节都得检查再检查,太了不起了!"

"是的是的,现在让我下来!"

你扭动着身子,想离开那对钳子,但是,这样做的时候,你碰掉了垃圾桶的盖子。大堆的臭鱼皮、浸满水的茶袋、冷豌豆,以及土豆皮,一股脑儿地扣在他头上,你不禁傻笑起来。

"我很高兴你每个细节都设计得如此周全。"你说着,双脚轻轻落地,站在他旁边。

教授狂怒地仰望着垃圾桶。扑通！一片极难闻的尿布从垃圾桶底掉出来，正好掉在他脸上。

"哈哈！"你高兴地大笑，"干得好，芬迪施。你说对了，太了不起了！而且，如果你不介意的话，我得回家去换掉这臭气熏天的袜子。"

你拿着那盒刚买的洗衣粉向门口走去。

"别走！"教授说，"你不能离开，除非你能应对我这残酷的挑战！也许你永远都不能！"

你努力显出无所谓的样子，但是，他的一只眼中流露出一种特别令人厌恶的表情，另一只眼中可能也有，只是由于尿布盖在上边，你分辨不出。

"你得待在这儿，除非你解决了这个关于密封的盒子的问题。"他咆哮着。

"那么，那是个什么盒子？"你问。

"任何密封的盒子都行。"教授说，"甚至这盒洗衣粉也行。要解决这个问题，你得告诉我盒子中所能放进的最长的棍子的长度。"

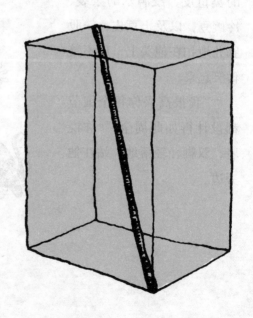

你看着那个盒子，你知道，很明显，能放进去的最长的棍子应该是从一个顶角穿过盒子中部，到达距离最远的那个下角。换句话说，那就是盒子最长的对角线。

　　"这儿有一把直尺，能帮你量出那段距离——如果你够聪明的话，"教授说，"当你得出答案时，把答案敲进墙上的那个控制板，你就可以走了。"

　　"可是，如果不打开盒子，我就没法测量呀！"你说。

　　"我知道！"教授说，"他们不会无缘无故叫我芬迪施！哈哈！"

　　于是，当他去淋浴时，你留在那儿琢磨，如何才能测量盒子内部，而又不打开它！

　　这是一个经典而又古老的问题，有两个解决方法……

比较难的解决办法

　　你量出盒子的长、宽、高，然后用这个公式：

$$最长对角线 = \sqrt{h^2 + w^2 + d^2}$$

　　噗！别慌，在这儿，我们不必为这操心。但是，如果你有兴趣想知道这个公式的来历，那就涉及毕达哥拉斯定理中的三元方程，这将在《特别要命的数学》中讲到。

　　使用这个公式的问题在于，教授没有给你留下一个计算器，好算出平方和平方根。但是，凭着一点儿机灵，你也许会知道，对于这个测量问题，有一个简单得多的解决方法！

　　你意识到了吗？如果是，就把嘴抿进你的脸，给自己一个大大的吻，然后你就可以逃离，回到家里的洗衣机边。如果还没有意识到……那也没关系。这是那种你应该暂时抛在脑后，然后灵机一动，得出答案的问题。现在，我们会让你稍稍想一下。

　　我们只希望答案不会在任何令人尴尬的地方出现。

　　你想到了吗？那么翻页，看看你的想法与这个相比如何……

简单的解决办法

这和一堆数学问题相比，非常容易！你应该这样做：

▶ 在平面上竖一个盒子，给在该平面上的 4 个顶角标记。为了能说得清楚，我们将这 4 个角分别命名为 *A*、*B*、*C*、*D*。

▶ 在平面上挪动盒子，使刚才处在角 *A* 和角 *B* 顶点位置的角，现在处在角 *C* 和角 *D* 顶点的位置上。

▶ 你得测出平面上从角 *A* 顶点到角 *C* 顶点正上方的角的顶点的距离。这就是你要的答案！

你将数字输入控制板中，立即就会有一扇铁门滑开，露出一道楼梯，从那儿，你就能回到现实生活。就在你走过时，你听见身后传来急匆匆的脚步声。

"你怎么得到答案的？"教授气喘吁吁地问。

"啊哈！"你摆出一副嘲弄的样子，"我做了一个虚拟的盒子，可以对它进行测量。它正好和真实的盒子具有同样的长、宽、高，但是我能把直尺放进去！"

"虚拟的盒子？"他莫名其妙，"可是，我的圈套是非常简单的！"

"的确非常简单。"当你踏上楼梯，走进阳光时，你回答道，"但并不完全那么简单。"

他不会学习吗？无法战胜的要命的数学。

进展顺利吗

这一章有一个数学测验，你得花上整整 3 个小时 5 分钟。这是由于你得花 5 分钟回答所有的问题，其余 3 小时用来清除你脸上自鸣得意的笑容，因为，你发现这个测验太简单了。为了让它更简单，你应该知道几个有用的词：

平行线

当两条线相互平行时，就说明，它们之间的距离总是相等的。如果你将它们无限延长，它们永远也不会相交。铁轨两边就是相互平行的，否则，火车就会翻车。

直角

人们对正方形的顶角就是这样称呼的，比如书的一角。许多图形都有一个或者更多的直角，这儿会告诉你如何自己画直角：

1. 你可以随便用一张纸。

几何作业

1. 一个 U 形湖
2. 一个近似的 U 形湖
3. 再画一个 U 形湖
4. 米尔顿·凯恩斯

2. 将这张纸对折。

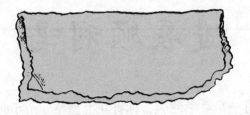

3. 再对折，让折叠边重合。

4. 将纸打开，你会在纸中间看见 4 个直角！

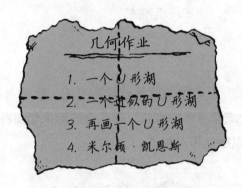

几何作业

1. 一个 U 形湖
2. 一个近似的 U 形湖
3. 再画一个 U 形湖
4. 米尔顿·凯恩斯

人们画图时，常在角上画一个小方格，表示直角。

现在，你得准备测试了。你得在 5 分钟内将 74—75 页的名称与 73 页的数字编号对上号。现在，看看钟，掐好时间，预备……开始！

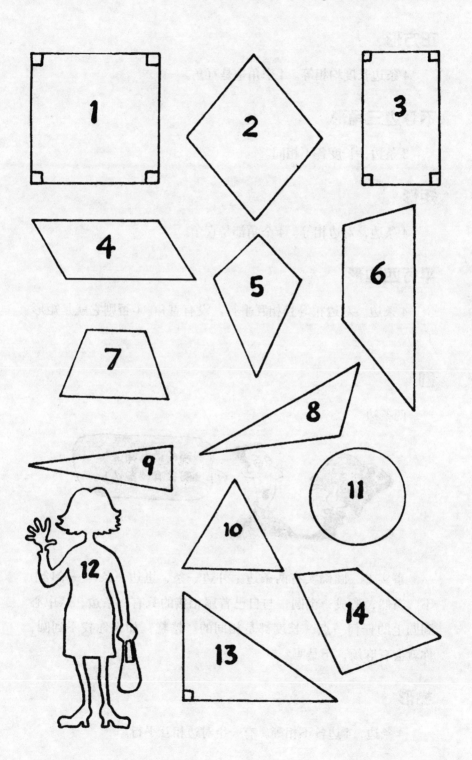

正方形

4 条边长度均相等。4 个角全是直角。

不等边三角形

3 条边，长度各不相同。

矩形

4 条边，对边相等。4 个角都是直角。

平行四边形

4 条边，对边相等且相互平行。没有直角。(否则它就是矩形了。)

圆

两条边。

两条边？胡说！圆只有一条边！

事实上，圆确实有两条边：外边一条，里边一条——哈哈！不，当然，弯成一个圆，与自己首尾相接的只有一条边，从中心到圆上的任何一点，长度都是相同的。糟糕，如果你找不到圆，你就会有麻烦，不是吗？

梯形

4 条边，4 边各不相等。有一组对边相互平行。

风筝

4 条边，两条短边相交，两条长边相交。可能没有直角，但也许有一两个。谁会在意呢？主要的是，它能飞吗？

等边三角形

3 条边长度均相等。

菱形

4 条边长度均相等。没有直角。（否则它就是正方形了！）

极其可爱的维罗妮卡·加姆弗洛斯

她有许多的边和角，韧度强得足以扒下老虎皮。

等腰三角形

3 条边，其中两边相等。

等腰梯形

4 条边，一组对边平行，两条斜边长度相等。

75

不规则四边形

4 条边，任何两条边都不平行，至少一条边和其他边长度不等（其他几条边长度相等或不等）。

直角三角形

3 条边。一个角为直角。

注意：直角的对边往往是最长的边，叫作"直角三角形的斜边"。直角三角形可以是等腰的或者是不等腰的。

答案

　　1.正方形 2.菱形 3.矩形 4.平行四边形 5.风筝 6.梯形 7.等腰梯形 8.不等边三角形 9.等腰三角形 10.等边三角形 11.圆 12.极其可爱的维罗妮卡·加姆弗洛斯 13.直角三角形 14.不规则四边形

来核对一下你的分数：

▶　14 个正确答案……绝对优秀。

▶　13 个正确答案……你可能数错了你正确答案的数目吧。

▶　0 到 12 个正确答案……谁把这本书掉进了你的婴儿床围栏？

　　这个测试包括了你可以用 3 条或 4 条直线组合出的任何图形。如果你需要更多的挑战，可以对它们进行填色。（当然，如果这本书是从图书馆借来的，那千万不要填色。如果你填了，那图书馆的保安就会趁你外出时潜入你的房间，换走所有你最喜欢的书，而留下一大堆旧书。）

　　这里的有些图形不是生活中可以经常碰到的，比如说，你最后一次踏上梯形的浴垫是什么时候？然而，值得了解的是，如何对它们进行测量。我们现在就来学习。

从正方形到咖喱污痕

图形	测量难度	运算的难度	面积公式
正方形 a	简单，只需测一条边	除杂草时就可以做了	a^2
矩形 a b	简单，测长和宽	把它们当早点吃	ab
直角三角形 h b	简单，测两条短边	不必担心	$\frac{1}{2}hb$
其他三角形 h b	呃，需要一些技巧	还行	$\frac{1}{2}hb$
多边形	需要切分成块儿	容易，但是枯燥	自行计算
圆 r	需要动脑筋	头疼	πr^2
咖喱污痕	需要用巧妙的办法	祝你好运——你会用得上的	？？？？

正如我们前边所发现的那样，计算一块面积通常需要进行至少两次测量，尽管有时进行的是两次相同的测量。你还需要处理一些数据，因此，这里要告诉你大致会遇到的情况。有一个非常方便的表格，告诉你各种不同图形的测量难度。每一种图形都有一个面积公式，已经列在这儿了。但是，如果你无法理解，也不必担心，稍后就会对它们进行讲解。

矩形和正方形

让我们立即忘掉正方形，因为，正方形也就是一个矩形，只不过碰巧四条边相等。我们到处都能看到矩形，比如书、门、足球场、纸币、抽屉的底部，以及玉米片包装袋，等等。当你测量矩形时，你需要知道长和宽，以便我们掌握一些关于计算矩形面积的信息，明白下一步该做什么。我们会突然闯进佛格斯沃尔史庄园，看看我们能找到什么。啊哈！那张餐桌看起来很不错。

谢谢理解。

78

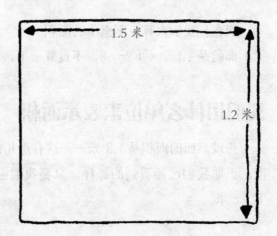

当我们测量这张桌子时，发现它有 1.5 米长，1.2 米宽。对于矩形，通常的写法是 1.5 米 ×1.2 米。突然就到了该拿出结果的时间了！

▶ 如果你想描述出桌子准确的形状和尺寸，你可以说，它是矩形，尺寸是 1.5 米 ×1.2 米。

▶ 如果你只想给出总面积，那你就不必关心确切的形状。它可能是又长又窄，也可能是又短又宽，但是，这都不重要。你要知道的只是桌面面积的大小，因此，让我们来看看如何计算。

这个矩形的测量结果是 1.5 米 × 1.2 米，你看见中间有一个乘号。这不奇怪，因为我们得把长宽相乘，得数才是矩形的面积。通常，人们将这两个测量结果称为 "*a*" 和 "*b*"，因此，你就得到：

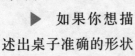

$$矩形的面积 = 长 × 宽 = a × b = ab$$

在公式的运用中，你得常常不厌其烦地写下乘号，而不是仅仅将两个字母搁在一起。如果你不知道正方形的面积公式，别忘了正方形的长宽相等。于是就是这样：

$$正方形的面积 = a × a（也可以写成 a^2）$$

现在，我们来算一下桌子的面积。

那就是：1.5 × 1.2=1.8。不过等一下，1.8 是什么？

我们用什么单位来表示面积

假设桌面的面积是 1.8 米——这有点儿奇怪，因为 1.8 米是长度。正如我们已经看到的那样，只要我们愿意，针尖上也可以放下 1.8 米。

难道要我在针尖上提心吊胆地进餐吗？

冷静点儿，上校。你考虑一下，我们是将 1.5 米与 1.2 米相乘，得到的这个面积。如果我们暂且忽略掉这些数字，那就意味着我们是用米乘米。如你所知：任何数与它本身相乘，我们就说，它被"平方"了。例如，3 × 3= "3 的平方"，你可以写作 3^2。在这个例子中，我们得到米 × 米，叫作"平方米"（或者，如果你愿意，也可以写成 "m^2"）。这就是说，桌子的面积是 1.8 平方米。

提示：当你进行不止一次测量时，应确保使用的是相同的单位。假设你说桌子是 1.5 米 ×1 200 毫米，当你计算面积时，就会得到 1 800 米毫米，你应该知道，这纯粹是乱说。

不同的面积单位

常用的有：

▶ 1 平方毫米 =1 毫米 ×1 毫米。

▶ 1 平方厘米 =1 厘米 ×1 厘米。

▶ 1 平方米 =1 米 ×1 米。

对于大的面积，比如国土面积，我们用平方千米。但是，在我们了解这个尺寸之前，还有两个更常见的单位。

对于诸如土地等面积，人们可以用 1 公顷 =100 米 ×100 米（或者 10 000 平方米），在英国，还可能用旧制的英亩。1 公顷是 2.47 英亩。你可能会说，那是大约 2.5 英亩。毕竟，你只是在讨论过去那种盖满蓟草和牛粪的泥泞的土地，0.03 英亩的差异对它又有什么影响呢？事实上，它有大约 120 平方米，差不多是一个谷仓的大小。因此，在你说它不值一提之前，你得确定你对谷仓里的任何东西都不会介意。

数字中可用于止雨的奇特部分

是的——似乎是难以置信的——如果因为下雨，你被堵在家里，也不必沮丧。由于这个实验，你可以发现关于面积的惊人的秘密，同时，你还能止雨。有点儿怪异，是不是？

要运用数学那神秘的力量，你首先得准备好考虑这个问题：我们知道1米等于1 000毫米，但是，1平方米等于多少平方毫米呢？如果你想算出结果，那就从1 000毫米＝1米开始。

接下来，两边同时进行平方（即两边都分别与自身相乘），得到1 000毫米×1 000毫米＝1米×1米。这说明1 000 000平方毫米＝1平方米。好极了！这个数字是不是告诉我们，1平方米等于1百万平方毫米呢？如果你觉得这个结果太惊人而不可信，那有一个简单的办法来检验。现在，魔术开始了。

警告!

如果还有不到两周就是你的生日，那建议你不要使用这个魔术……

你得有一张尺寸正好是 1 米 × 1 米的纸，然后用一支笔尖非常尖的铅笔，将纸平均分成 1 000 条，每一条是 1 毫米宽。再转动纸张，从另一方向把纸平均分成 1 000 条，每条还是 1 毫米宽。这样，你就把这张纸分成了许许多多 1 平方毫米。雨停了吗？如果还没有，别担心，因为还有更多的魔术。

小心地剪出所有的小正方形（如果你愿意，你可以把它们放进一只大锅炉，用独角兽的角来搅动，同时，你站在后边哼哼一些拉丁语。不过，说实话，本书里的魔术是非常有效的，不用求助于无聊的咒语）。到外边看一下。还在下雨？如果是，那就该用最后的魔术了……

数一数那些正方形。

这就行了。等你将它们数完，你会发现雨已经停了。事实上，这个魔术是如此有效，以至于雨下下停停好几次。如果你有心的话，你会注意到天色已经至少变暗 12 次，神奇的是，时间已经向前走了几周。这就是为什么你得当心不要错过生日。

直角三角形

一旦弄清了如何计算正方形和矩形的面积，你会发现，计算直角三角形的面积也是非常简单。

为了省去写任何数字的麻烦，我们将三角形的高叫作"h"，底边长为"b"。（大多数三角形的底比高长，因此，用字母而不用数字的原因就在于，避免它们自惭形秽。）如果你有两个相同的直角三角形，并把它们放在一起的话，你就会明白，为什么计算直角三角形的面积很简单……

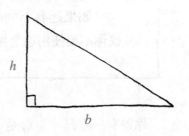

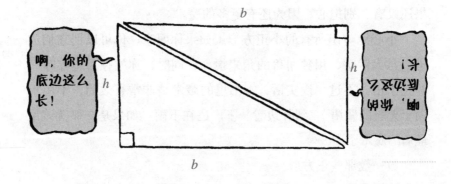

两个相同的直角三角形在一起，就构成了一个矩形。要得到两者面积之和，你只需将矩形的长宽相乘。因此，如果两个三角形的面积是底乘高，那么你就能明白，一个三角形的面积是底乘高的一半……或者：

$$三角形面积 = \frac{1}{2} \times 高 \times 底 = \frac{1}{2} \times h \times b = \frac{1}{2}hb$$

直角三角形的有趣之处在于，你只需测量两条短边。（一条是底，一条是高，至于哪一个是底哪一个是高并没有什么关系。）你把它们两个相乘，然后将答案除以2，结果就出来了。找一个例子来给你看看。啊哈！角柜面看起来不错。

抱歉，夫人，这只需要1分钟。

我们看看柜面，发现这是一个直角三角形。短边分别是3米和1.2米。我们需要算出 $3 \times 1.2 \times \frac{1}{2}$ 是多少。得到的答案是1.8平方米。唉！和桌面一样大小。这说明，完全不同的图形也可以有相同的面积。

摇摇晃晃的三角形

如果你的三角形没有直角，那就更加麻烦一些。这些三角形没有一个好听的名字，因此，我们就说它们"摇摇晃晃"。任何一种三角形（等边的、等腰的、不等边的）都是摇摇晃晃的。这儿有一些办法可以知道一个摇摇晃晃的三角形的面积。

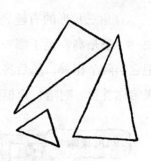

几何法

这包括真正精确地画出一个三角形，并作一条垂线。然后，将这个三角形一分两半，拼成一个矩形。你可以用给你的那个圆规测量。尽管这非常有趣，但也有点儿危险（万一垂线掉落到你的脚上，它可能会砸碎几块小骨头）。因此，我们把这个难题留到另一本书中去讲。

三角法

在这儿，你需要了解的是边的长度和准确的角度。然后，应用公式，比如"面积 $= \frac{1}{2} bc (\sin A)$"。但是，你还需要知道，"sin"是"sine"的缩写。如果我们不知道"sine"是什么意思的话，这样的简写似乎意义不大，而且也帮不上什么忙。因此，我们暂且把这个方法也放在一边。

测量法

这才是本书要讲的，幸运的是，它相当简单。因为，任何摇摇晃晃的三角形都能分成两个直角三角形，而直角三角形是你会测量和计算的。

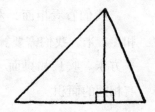

真正愚蠢的图形

只要是一个没有任何曲边的图形，你都可以把它分成矩形和直角三角形，然后进行测量和计算。找一个例子来看看吧。

棒极了！对不起，我们……

我们要做的就是把这个装饰精美的桌面切分成矩形和直角三角形。那么，让我们在上边画出一些分割线吧。

嗯……身为"经典数学问题"的探讨者，我们都很敏感，我们能感觉到这里充满敌意的空气。这样如何？我们用带大头针的棉线做标志。另外，这儿有一些钱，你们可以去"贪婪的王侯"餐馆买一些咖喱。这是一点儿小意思。

我们现在要做的就是测量并算出这五个矩形，以及那四个小三角形的面积。事实上，有一个略微聪明点儿的办法。因为，如果你量出了桌子的最大长度和最大宽度，你就会知道面积——如果桌角没有不见的话。然后，你算出四个角上的三角形的面积，减去它们，就得到了答案。这个方法用到的数学运算较少。

我们为什么要测量面积

常见的理由就是，你需要用点儿什么东西盖住一个地方。例如，你可能想把你卧室的墙刷成浅粉色。这样，你就需要知道该买多少油漆。在油漆罐上，它会告诉你这些油漆可以用于多大的面积。因此，如果油漆罐上写着"可用于2平方米的量"，而你的墙是6平方米，那你就知道，你需要3罐。这同样适用于土地的施肥。你得知道一桶肥料可用于多少公顷的土地。如果你碰巧同时买油漆和肥料，一定不要把它们搞混了。虽然一块浅粉色的田地并不是很糟糕，但你会不得不在休息室里睡上几个月。

圆

对于标准的圆围成的那个曲面，你可以很容易地用直尺来计算出它的面积。尽管我们想知道面积，但你需要进行一项测量，叫作测"半径"，然后再进行运算。看看我们能否找到一些圆形的东西来进行论证。

这里有一张圆桌！好。

今天真是他的倒霉日，是吧？

如果知道圆心在哪儿，那你就能量出圆心到圆周的距离，这就是圆的半径，或者简写为 r。如果你不知道圆心在哪儿，你有两个选择：

▶ 将你的卷尺或直尺横跨过圆，然后上下挪动，直到得到两边之间的最大距离。这叫圆的直径，或者简写为 d。如果你很聪明，那你就已经明白，圆的直径等于半径的 2 倍。因此，要得到半径，你只需将直径除以 2。

▶ 将你的卷尺绕圆一周，量出它的周围有多长。这叫作圆的周长。如果你是对付像树这一类的东西，那这个办法比量直径简单得多！下一步，你得用"π"除周长，从而得到直径。别忘了再把直径除以 2 才能得到半径。

有趣！如果你没有看过其他任何"经典数学系列"的书，你就不明白"π"是什么。它是专门用来处理有关圆的问题的。拼作"pi"，发音是"pai"，约等于 3.141 6。因此，要将你测得的周长变成直径，就要除以 3.141 6，然后再除以 2 得到半径。如果你是那种一切都依赖计算器（包括数脚指头）的人，那这就非常好办。但是，如果你很坚强，认为计算器只是懦弱的人才会用，那怎么办呢？你不得不除以 3.141 6，然后再除以 2，这是很不公平的，因此，这儿教你一个特别的窍门：

> **如果你将周长与 0.16 相乘，就能得到半径。**

如果你的计算正确，那还不错。这儿甚至还有一个更简单的办法——与 2 连乘 4 次，然后除以 100。得到的是一个非常接近的答案。这岂不比做一个计算器崇拜者酷得多！

警告!

为了不让你的同学知道这个聪明的简易算法，赶快把这本书藏起来！

现在，我们知道了圆的半径。但是，如何才能知道面积呢？有一个小公式是这样的：

$$圆的面积 = \pi r^2$$

这就是说，半径与自身相乘，得数再乘3.141 6。（还有一个无赖的招数是，不用讨厌的3.141 6，只需乘22，然后除以7，从而得到一个近似的答案。）

为了弄明白这是怎么回事，我们来看一下圆桌。

穿过圆心的最大距离是1.5米，所以那就是直径。我们将它除以2，就得到半径0.75米。现在，用我们的面积公式，得到圆的面积等于 πr^2，即 $\pi \times 0.75 \times 0.75$。

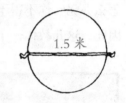

1.5 米

这就得到1.77平方米。仅仅为了好玩，我们对它取2位有效数字，得到这个惊人的结果……

嘿！太巧了！那张圆桌面积大约1.8平方米，与你的桌面和角柜面一样大！

呃！

灭火器

真正难测量的图形

测量这块面积稍微难办点儿，因为它没有任何一条精确的直边，没有那么多友好的直角可用。不必惊慌，这儿有一个简单的办法可以解决这个问题。

方格子办法

你在要测量的图上画出一个格子图，也就是说，多个正方形组成的图形。如果那个难测的图形是画在纸上的，你可以在它上面画上格子线。如果你不想在原始图形上做出任何标记，那你可以把格子线画在描摹纸上，然后将描摹纸盖在要测量的图上。如果那个难测的图形是在旅馆的地板上，那你可以用许多吸管在地板上摆出方格（或者很长的棉线也可以，只要你有）。

秘密就在于，将你的方格摆成非常有用的大小。方格越小，你的答案就越精确。但是，如果你觉得太费事，就算了。在一张小纸上画，你可能会将方格画为边长为10毫米的正方形。但是，如果在一大片咖喱污迹上画这样大小的方格，结果就是，你得画上千个。幸好，饭店里的吸管是200毫米长（等于0.2米），因此，我们就可以用它们来摆出正好是0.2米×0.2米的正方形。

数一数这个图形里有多少个正方形。在这个例子中，你能看到，污迹完全占满正方形的有31个，于是，我们可以作一个记录：31个完整的正方形。还有28个正方形为有部分污迹处于其中，这儿有两个选择：

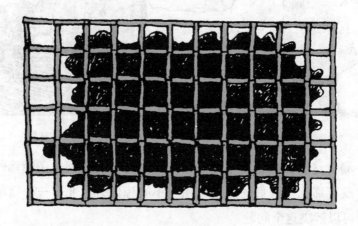

▶ 将"部分的正方形"的数目除以2，把得数当作完整的正方形数。这样，我们就得到28÷2=14个比较完整的正方形。我们可以把所有完整的正方形的数目加在一起，得数为总共45个完整的正方形。

▶ 看看每个"部分的正方形"。如果它在图形中的面积已超过一半，就把它当作是完整的，否则就忽略它。在这儿，看起来好像有14个"部分的正方形"在图形中的面积超过一半。于是，我们再一次得到14个比较完整的正方形，总数就是45个完整的正方形。现在，我们知道，45个完整的正方形的面积与污迹面积相同。因此，我们现在要做的就是算出一个正方形的面积，是0.2米×0.2米，也就是0.04平方米。为了得到总面积，我们用正方形的数目与之相乘，得到45×0.04=……

真奇怪！他们似乎并不吃惊。

天啊！那会是非常昂贵的，所以，我们最好在钱用光之前，赶快完成这本书。我们继续吧……

重量——
为什么人人在此犯大错

你的体重和质量

我们来快速地解决一个问题：你认为你的体重是多少？40千克？55千克？197千克？如果你愿意，你可以到浴室的体重秤上去称一下。

感谢你的参与，但是，不幸的是，你错了。

更科学地说，你的质量可能是40千克,55千克,或者197千克，但是，"重量"从物理上来讲，是你所受到的重力。当科学家爱挑剔的时候，他们用"牛"这个单位来描述重量。换句话说，你的体重秤从你的脚受到的力是43牛。如果体重秤要科学，那它们应该用牛做单位，而不是千克。

如果你对这点不确定，那就把你的体重秤放到火箭上，飞到外太空。现在，试试站在上面。它们会显示，你的体重是0千克！

是的，在太空舱里你是飘浮着的，做一些漂亮的翻跟头的动作，并厌烦周围无处不在的控制板。但是怎么回事？你的43千克哪儿去了？是不是有人偷偷地用气球把你吊着，好让你飘浮呢？或者，你的肠子已经被太空蛆吞噬，它们吃掉了你体内的一切，骨头、血管，以及神经，仅留下一层薄薄的皮肤？

不，别慌。你的质量仍然是43千克，因为，质量是构成你的物质的量。但是，当没有重力的时候，也就没有力将你往下拉，因此你的重量（体重秤所测出的）是0。

即使现在我们已经弄清了这个问题，但是，我们不想显得孤立或孤傲，因此，生活中我们还是用重量来表示质量，就像每个人通常所做的那样，即使这是不严谨的。质量的单位（或者，如果你喜欢，也可以说重量）有3种常见的形式：

▶ 克（g）：这个单位很小，用于盒装巧克力或者大颊鼠。

▶ 千克（kg）：这是一个国际单位，用于人或者成袋的肥料。

▶ 吨（t）：这是一个很大的质量单位，用于战舰和办公大楼。

1千克等于1 000克，1吨等于1 000千克。

如何称一只蛆的重量

称大东西的重量很简单，你只需将它们放在秤上或天平上就行了。但是，如果你需要称一些非常小的东西，那该怎么办呢？

你得自己特制一个秤。这需要一张明信片，一根长钉，以及一些方纸片，还需要厨房用的秤。

这幅图仅仅是用于说明的。你把明信片折成三折，让它能立起来。你最好用大头针将它固定在桌上。在卡片顶部开两个细槽，将长钉穿过吸管中部，再平衡地放在槽中。如果它不够平衡，就剪一些小纸片，插入吸管较高的一端，直到两端正好处于水平。

关键部分是做你的"砝码"。

▶ 搜集你所有的小方纸片，在厨房用的秤上称出它们的重量。比如，你有10张小纸片，它们重80克。

▶ 算出每一片的重量是多少。在这个例子中，每片的重量是80÷10等于8克。

▶ 将长宽相乘，算出纸的面积。如果得到60毫米×42毫米，则它们的面积是2 520平方毫米。

▶ 算出单位面积的重量！这儿是8÷2 520，即0.00 317克。

▶ 用你的纸剪出一些方块，这些就是你的砝码！很容易得到面积为2平方毫米，5平方毫米，或者10平方毫米的方块。

现在，你把蛆，或者烤豆，或者妖怪，放在天平的一端，然后看看需要用多少纸片去平衡它。如果这只蛆很肥大，重39平方毫米的纸，那它的重量是 39×0.003 17克，即0.124克。知道这点是很有用的，是不是？

我不胖，只是骨骼有点儿大。

亮闪闪、乱七八糟、摇摇晃晃的角

无论什么时候，两条直线相遇，你都会得到一个角。

我亲爱的朋友，很高兴见到你！

认识你真好！

维罗妮卡·加姆弗洛斯已经穿上亮闪闪的紧身衣，准备练习芭蕾。她能向我们展示一些角。

微光　闪烁

看，她的腿是并拢的，因此，这时的角度是零。现在，维罗妮卡开始摆出舞姿，我们注意她的腿。

微光　闪烁

一个小角或者锐角

　　你最常碰见的角是直角。甚至这页书的一周就有 4 个直角，那就是书角。如维罗妮卡所示，比直角小的角叫"锐角"，比直角大的角叫"钝角"，你甚至还知道外翻的角叫"优角"。

　　角常用度数表示，这里有一个小标志"°"，直角就是90°。如果把两个直角放在一起，就会得到180°，那就是一条直线。如果把 4 个直角放在一起，就会得到360°，那就是一个整圆。

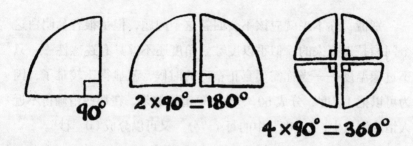

如何做一个 1° 的角

就像你可以想象到的那样，一个 1° 的角真的是非常小，因此，这儿有一个实验来告诉你它究竟有多小。你需要 2 米长的棉线，将它环绕过你的左小指，然后将你的左臂尽量向左拉。用右手抓住棉线两端，用右手拇指和食指捏紧两股线，在脸前拉直。

两股线之间的角度大约就是 1°。不大吧？记住，下一次，你将会有 359 位朋友，和你一起分别用棉线拉出许多 1° 的角，再将线头一端集中固定在中间，把它们拼在一起，就能得到一个整圆。而且，你将以很多亮闪闪的角来结束实验。多有趣啊！

直角有多少岁

别慌,你本来就应该不会回答这个问题,但是很容易明白这个问题是怎么来的。似乎以度数量角度还不够具有迷惑性——只不过像温度——当你需要真正精确的时候,就显得比较难了,因为可以把1"度"分成60"分"。更糟糕的是,在那些精确得不近人情的测量中,1"度"中的每1"分"又可以分成60"秒"。

这就是说,一个直角有 5 400 分,或者 324 000 秒。

普通的角和特殊的角

除了直角,常见的角还有30°、45°和60°。它们出现在特殊种类的三角形中,如下:

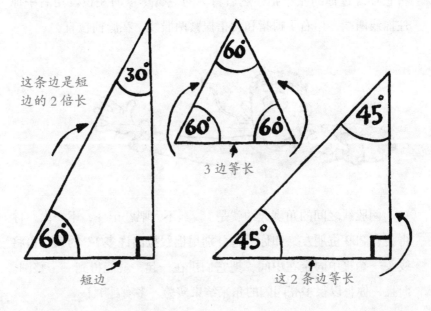

这条边是短边的 2 倍长

短边

3 边等长

这 2 条边等长

顺便说一句,如果你量一下三角形中的 3 个角,将它们相加,你总是得到 180°。

有一个简单的办法可以表示——从纸上剪下一个三角形来,然后撕下角。把它们放在一起,你就能得到一条直线!

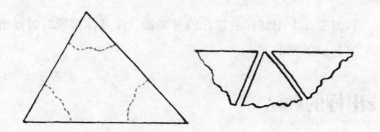

量角

测量一个角时，你需要用到量角器。

量角器通常是一个半圆的塑料片，你在几何工具中可以找到它。量角器底部中间有一个点，是用来放在角的顶点上的。你得确保量角器的底线与角的一条边重合，角的另一条边指向量角器边上的读数，那就是角的度数。量角器上常常有两套数字。你凭一点点常识就会明白你应该读哪一套。显然，如果你要量的角小于直角，角的度数就应该小于90°。如果你要量的角大于直角，角的度数就应该大于90°，都非常简单。唯一需要注意的是当你量优角的时候。

量一下这个角

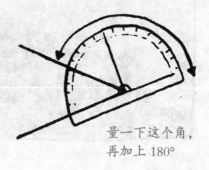

量一下这个角，
再加上 180°

你需要如上图那样放置你的量角器，而且你读数的时候不要忘记加上180°。

找出你的办法

角度的主要作用之一是用来描述方位，这是你需要理解的。指南针经常被做上如下的标记：

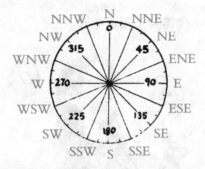

无论你怎样转动你的指南针，指针（它总是指向北方）都指着指南针的 N。0° 的方位表示正北方，180° 的方位表示正南方。

过去，水手们经常使用方位，如果是"西南偏西"，那么，指南针指示的方位可能就是 247.5°。

哎哟！哦不，出什么事了？忽然，你的眼睛被蒙上，而且你似乎被带到悬崖顶上。你感到一阵微风搔弄着你的脖子，同时有一股烂菜味。

远处有人在喊："嘿！嘿！"

"哦，不会又是你吧！"你回答道。这种气味和"嘿！嘿！"声都太熟悉了。原来是恶魔芬迪施教授，他又设置了一个魔鬼般的数学陷阱。

"你的站姿仍然很漂亮！"他吼叫着说，"但我已把你送到一块非常窄的岩石边上，下边就是咆哮的大海。"

"哦，亲爱的，"你回答，"这儿有买明信片的地方吗？"

"你不用太早地自鸣得意！"教授回答道，"此刻，你要过这条狭窄的路，才能回到悬崖顶上来。但是，只要一步走错了方向，那你就会上西天。"

你听见头顶上有海鸥在盘旋。毫无疑问，它们以前就看见过这个骗局，并且知道，岩石上很快将会有一顿美味佳肴。忍耐！

"不必担心！"教授嘲笑地说，"你要做的只不过是沿着这条路直接走出来，那时，你就可以自由了。但是，为了让这件事有趣一点儿，我得先让你转一转！"

你听着渐近的脚步声，觉得气味更加难闻。突然你的肘部被两只粗暴的手抓住。

"那你打算让我转多少度？"你问道，并尽量不吸气。

"我今天心情不错，我让你选！"教授哧哧地笑着，"在1至500中选一个，那将是我让你转的度数！"

几秒钟后，你站在悬崖顶，摘掉了蒙眼布。你回过头，看见教授狂怒地上蹿下跳。

"该死！"他尖叫着，充满挫折感。同时，海鸥们准确地扑向他，发泄着它们的不满。

但是，你是怎样逃脱的呢？

答案就是，你选择了旋转360°，那就是说，你转了正好一个圆周。你要做的就是，向前走，赶在教授意识到他本人给你指出了返回的正确道路之前！

难测的角

尽管测度数是测量角的常用办法，但也有一些例外。除了将一个圆划分成360°之外，人们偶尔也会将圆划分成400格莱德。因此，一个直角就是100格莱德，这样看起来可能比较精确，但是它从未真正作为一个概念而流行。事实上，你应该为那些用格莱德做标志的量角器感到难过。那一定就像是穿着婴儿尿布出现在聚会上，结果却发现这并不是什么有趣的服装。

运动的角

如果你不喜欢度数，那还有一种完全不同的方法可用来测量角度。原理是这样的：假设你有一个半径为 1 米的圆，并在圆周上标出 1 米长的一段……

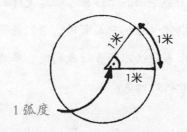

1 弧度

一个整圆中有大约 6.28 弧度。如果你了解 π，那你自己就能算出来。因为，半径为 1 米的圆的周长为 2π 米，那就是大约 6.28 米。但是，如果你不知道 π，你也能够通过看图，分辨出那是 6.28 弧度。

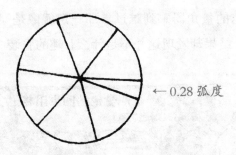

← 0.28 弧度

由此你可以明白，6.28 弧度 =360°。

弧度常被聪明人用来让一些问题更加简单，但剩下的那些人就不必为此操心了。

亲爱的"经典数学系列"编辑部：

　　这是不公平的。你解释了弧度是什么，但是，你又说它们仅仅对聪明人有用。它们能解决哪一类问题？你为什么不能告诉我们呢？难道认为我们太笨或者别的什么？

生气的厄尔纳斯特·文吉

好了，解释你提出的问题。弧度在分析"角运动"时特别有用，也就是说那些转动的物体，像车轮、传送带，以及涡轮。

还包括钟摆，就是那些在旧钟里悬摆的东西。钟摆左右摆动花费的时间总是完全相同的。这可以用数学方法来证明，但是，你得用弧度测出钟摆摆动的角度。如何？

亲爱的"经典数学系列"编辑部：

好多了。

放心的厄尔纳斯特·文吉

又及，关于角，这就足够了。现在，我们还能再学一些别的吗？

块、柱和一个原理问题

到现在为止，我们已经解决了线的测量（这是一维的问题）、面的测量（这是二维的问题）。接下来，我们要进入三维的世界。也就是说，我们要测量体积。这儿有坏消息，也有好消息。

▶ 坏消息是，数据处理会更难。唉！

▶ 好消息是，你常常不必进行任何运算。测量体积常常有更为有趣的办法，因为块和柱会占据一定的空间，而且，你可以对它们进行称重。

数据

记得我们有一张矩形的桌子，面积是长乘宽（或者像公式所表示的：矩形的面积 = ab）。我们也可以用平方米表示答案。

如果你有什么带矩形面的东西，比如麦片盒子，那么，要知道体积，你应将长宽高相乘。换句话说，你得进行三次测量。（别忘了都要用相同的单位！）

112

带矩形面的物体叫作"长方体",公式为：

$$长方体的体积 = 长 \times 宽 \times 高 = abc$$

如果长宽高碰巧都相等,那就是"立方体",而体积就是长 × 长 × 长,或者 a^3。

我们知道面积单位是平方米,幸好体积单位也很简单。因为是米乘米乘米,答案就是立方米,或者 m^3。

体积 $=2 \times 3 \times 1.5 = 9$ 立方米

3 米　2 米　1.5 米　经济装 美味麦片

113

一个恶心的念头

1 立方米等于多少立方毫米?我们已经知道,1 平方米等于 1 000 000 平方毫米。可是现在,我们得看看这种算法：1 立方米 =1 米 ×1 米 ×1 米 =1 000 毫米 ×1 000 毫米 ×1 000 毫米。如果算出来,你会发现 1 立方米等于 10 亿立方毫米。当然,如果你不相信,你可以拿一个尺寸为 1 米 ×1 米 ×1 米 的木块,小心地从每个方向将它平均切分为 1 000 片,然后数出块数。直到 35 007 年,你才能数完。到那时,你再好好地洗个澡,换换衣服,行吗?

油桶和汤罐

　　除了长方体和立方体，其他大多数物体的体积都是很难用普通测量和计算来处理的。幸好，人们日常必须处理的唯一的物体是柱体，像锡罐头和油桶。

　　你应该测出柱体的直径或周长，挑其中最容易的一个测。然后计算出底座的面积。这非常简单，因为底座是一个圆，关于圆，已经在第 89 页进行过很好的讲解。然后，测出高度，将底座面积与之相乘。好了——体积就出来了。

这是空的。我要用它做我明年的汤盆。

如果我算出了这个桶的体积，它就会告诉我所需要的食材的数量。

　　不，不要太无知了。如果你运用这些测量结果，你所算出的体积会告诉你桶占据的空间大小。你需要知道的是桶内部空间的大小，那就是所谓的容积。通常，锡罐头和油桶的壁都非常薄，以至于它们的容积和体积几乎相等。但是，如果壁比较厚，那你就得测内部的尺寸。

　　测出容积也很简单。你只需测出内部的直径，就能算出里边的底座面积，然后量出里边的高度，并将它与底座面积相乘。所有这些你都会认为非常简单，但是也许你会更乐于尝试一下装水的方法。它更有趣，而最大的好处是，它适用于任何形状的容器，甚至包括巨大的兔形果冻模具……

1. 扔开你的测量结果，去找一只量杯，从最近的水龙头拉来一根水管。

2. 在量杯中装满一定量的水（例如1升）。

3. 把水倒入容器。

4. 继续往量杯中装水，并把水倒入容器。数一下多少量杯的水才能装满容器。

这量杯能装1升，装满这桶用了293杯水。

在这个例子中，桶的容积是293升！

什么叫升？

升通常是测量容积用的，不过，如果你愿意，你也可以用立方米来测量容积。你得知道，1立方米等于1 000升。在这个例子中，容积是0.293立方米。

我的配方上写着，每1升需要8个鸡蛋，13份麦片。

我们再来想一想升和立方米。升不光用于容积，还常用来表示液体的量，因为液体可以是你所喜欢的任何形状。如果在一个寻常的日子，你的送奶工人送来一个 1 米 ×1 米 ×1 米的牛奶盒，那你的门口就会有 1 立方米牛奶。这很容易一眼辨认出来，因为它是立方体，从各个方向测都是 1 米。

你会发现把它搬进屋子有点儿难，因为你不光要挪动门框和一部分墙，而且，当你将牛奶往房里搬的时候，你会发现，它重达 1 吨。之后，你将它放在厨房的桌子上，准备好好地喝一杯咖啡，这时，问题才真正出现。因为，你想从中取出少量牛奶，这就得打开牛奶盒子。你知道，当你打开牛奶盒子时会发生什么事……啊！牛奶流得到处都是。地板上，天花板上，牛奶还顺着天花板向下流。你的鞋子里和你的鼻子上也有了牛奶，牛奶甚至淌进了收音机。事实上，唯一没有牛奶痕迹的地方是你的咖啡。这时，你看着这一片狼藉，很难想象这是整整1立方米牛奶。由于一些奇怪的理由，称它为1 000升似乎更自然。

有趣的王冠

到目前为止，我们已经解决了长方体和柱体的体积问题，但是，假如有人走过来给你一个用金叶装饰的王冠，那你怎样测出它的体积？

这实际上是所有时代最伟大的测量挑战之一。它发生在大约2 250年前，西西里岛一个叫作锡拉库扎的城市里。这是一个关于一位"侦探"天才的故事——也就是说，它就是那种你能从"经典数学系列"中看到的故事。因此，收起你的爆米花，睁大眼睛看吧！

原理问题

出场人物

出场很多的人物：海罗二世国王——锡拉库扎的国王
同时出场的人物：阿基米德——出色的数学家
特殊的客串人物：里珀福德斯——作弊的金匠
一笔带过的人物：多梅斯蒂斯特斯——女仆

121

你能找到一个不用破坏王冠的检查办法吗？

嗯……银子比金子轻……

浴室

那么，有一块金子和一块银子，重量相同，银子就会更大一些……

因此，如果王冠是用金子和银子混做的，那它就会比纯金做的稍大一点儿。

浴室

123

可是，我如何才能知道王冠的体积而不必将它熔化，或者避开那些令人厌烦的测量和计算呢？

我已将洗澡水倒满了，长官。

124

原理 2——结局很快就来了……

葡萄与大象

这个王冠的故事最有趣的一点是，它处处都与数学相关，而又没有数字！阿基米德发现的是，将物体放进水里是一个测量体积的好办法，这甚至对于我们今天都是非常有用的。下面有测量一些奇形怪状的小物体的办法，比如一串葡萄：

▶ 在量杯里装上半杯水，也就是到 500ml 的刻度那儿。（在量杯上，ml 表示毫升，1 毫升是 1 升的千分之一，或者，如果你愿意，也可以说 1 毫升是 1 立方厘米或者是 1 立方米的百万分之一。）

▶ 将一串葡萄放进水中，要确保水中没有气泡。你的圆规再一次派上用场，可以用它将葡萄推进水中，确保它们完全处于水面下，否则，你可能会乏味地用勺子。

▶ 注意量杯中水面到达的新高度，比如 830ml。

▶ 用新高度减去旧高度。在这个例子中，你得到 830 - 500 =330ml，那就是这串葡萄的体积！如果你运用一些常识，你也能用同样的办法处理较大的物体。这儿有一个测量大象体积的办法：

▶ 将大象放进一个巨大的容器。

▶ 往容器里装水，直到水完全没过大象。（你必须确保大象完全在水下，因此，用你的圆规将它往下推。）

▶ 当大象停止四处晃动，水面平静下来之后，在容器的水面处画一条线。

▶ 小心地把大象拉出容器，然后让它在上方待一会儿，尽量减少它的皮上带走的一些水。

▶ 拿出量杯和水龙头。不停地将量杯装满水，再不停地将水倒入容器中，直到水面到达刚才做标志的地方。

▶ 你没有忘记数一数量杯装满了多少次吧？假如你数得正确，你就能算出大象的体积。

由此你可以算出大象的体积是 6.274 378 立方米，这通常是很容易知道的。

许多人都会弄错的问题

当你用阿基米德的办法来测量体积时，你得确保物体完全处于水面下。然后你就知道，溢出的水的体积就正好等于水面下的物体的体积。如我们所见，溢出的水的体积可以通过水面到达的高度来计算。

阿基米德和王冠的故事非常有名。许多人都知道一个叫作"阿基米德原理"的东西，因此，他们认为，这种测量方法就叫"阿基米德原理"。可是他们弄错了，因为他们只听了故事的一半。当然，我们会去看第二部分，但在那之前，我们必须学习一点儿有难度的物理知识来弥补一下。

你的密度是多少

羽毛和铅

有一个经典的脑筋急转弯题目是这样的："1吨羽毛和1吨铅，哪个更重？"这个问题是值得考一考有些人的，但你得挑好时间。最好是当他们忙于涂口红，或者修理洗衣机，或者正沿着岸边狂奔，试图拦住一条叼着自己裤子的大狗的时候。如果你真的非常幸运，也许会发现他们正努力同时做以上3件事情，于是你可以问他们，他们就会说……

哈哈！当然，答案是既然它们都是1吨重，因此没有哪一个更重。这让你看起来真的很聪明，而他们真的很愚蠢。

还有一个更有趣的问题是，1吨羽毛和1吨铅，谁会占据更多的空间？

答案是1吨羽毛，因为羽毛的密度比铅小得多。如果你喜欢，可以把羽毛铺展开，得到更大的空间，而对于铅，物质都十分紧密地集中在一起。

密度和重量之间的不同就在于，重量与物体的大小无关，而密度与之有关。

理解这个问题的另一办法是，如果你有两个相同大小的盒子，一个装满铅，一个装满羽毛，显然，装羽毛的盒子较轻，你无法在盒子中装入和铅一样重的羽毛，因为它的密度较小。

测密度时，水是最容易测量的，因为，1升水的重量正好是1千克。这就是说，水的密度是1千克/升。

知道这一点后，你就能算出不同体积的水的重量。一个简单的例子是2升水重2千克，以此类推。如果有1 000升水，那它就重1 000千克。这很让人激动，因为1 000升就是1立方米，1 000千克就是1吨。这儿又有一个精确的结果：水的密度是1吨/立方米，可以写作$1t/m^3$。

密度常与体积和重量相关。例如，当庞戈做了293升汤时，他可能已算出汤的密度大约为1千克/升，因此，汤重量为293千克。

漂和沉

仅仅是出于兴趣，我们知道任何密度小于水的物体都会漂浮。例如，大多数木头的密度约是$0.8t/m^3$，这比水的密度$1t/m^3$小。因此，它们会浮在水面！

另一方面，金的密度大约是$19.3t/m^3$。那么，你认为它会浮起来还是沉下去？当然，它比水的密度大了近20倍，应该会当的一声沉到底部，待在那儿。

如何计算你自己的体积

有些东西既会漂浮，也会缓慢地下沉。那就是陆生动物，当然包括人！这就是说，人的密度非常接近水的密度，这就使得你可以很方便地算出你的体积。你需要量出自己的体重，但是得用千克来表示。

因为你的密度几乎与水相等，即 1 千克 / 升，那你的体积就是，每重 1 千克就是 1 升。如果你重 41 千克，那你的体积就是 41 升！如果你愿意，你可以将它除以 1 000，就得到以立方米为单位的你的体积——这时，它是 0.041 立方米。

如果你想尝试一下过去的学生们最喜欢的恶作剧，看看一辆小汽车里能塞进多少人，这也是很容易知道的。你只需算出车内的容积，那大约是 2.3 立方米。（你看看能从天窗倒进多少量杯水，就可以知道了。）然后，你比较艰难地算出每个学生的体积可能是 65 升，或者 0.065 立方米。剩下的就是用车内空间除以每个学生的体积，即 2.3 ÷ 0.065，得出约 35 个学生。

似乎有很多学生可以进入小汽车，是不是？当然，当你把他们往里塞的时候，你得遵循一些严格的限制：没有太大的脚，过大的耳朵，没穿松松垮垮的衣服，以及连衫衣裤，他们不能在头上戴着尖帽，或者提着一只漂亮的书包，里面装满吐司和漫画。

顺便说一句，上一章里的那头大象的体积是 6.274 378 立方米，那么它差不多重 6.5 吨，因为它的密度和水差不多（1t/m³）。

浮力

你将一个物体放入水中（或者其他任何液体）时，浮力就是将那个物体推向液面的力。正如我们所知，如果一个物体的密度小于液体密度，那么，由于浮力的作用，会有足够的力将它向上推，使它浮起来。重要的是，即便一个物体沉入水底，浮力还在向上推它，只是不够强而已！这就是说，如果你是一个举重运动员，如果在水中举重会容易得多，因为浮力会帮忙。

一个有趣的问题是：当你将物体放入水中时，会有多大的力将它往上推呢？这就是阿基米德原理涉及的问题。为了保证"经典数学系列"的读者能纠正世界上其他人的错误，我们来看一下：

原理 2
下沉的感觉

出场很多的人物：海罗二世国王——锡拉库扎的国王
出场也很多的人物：阿基米德——出色的数学家
出场不太多的人物：海费斯——不诚实的律师
几乎不出场的人物：里珀福德斯——作弊的金匠

怎么回事，阿基米德？你的实验将会名传千古！它当然是可信的！

事实上，我们确实有一个小小的问题……

告诉他。

当你把物体放入水中时，它的体积是通过水面的上升来表示的……

是的，那又有什么问题？

要想得到一个精确的体积测量结果，水面的高度得有大的变化。你就得把要测的物体放入底部尽可能小的容器中。如果我想测量这块金子，我可能要用您的高脚杯……

这样，水面就会上升很多！

扑通！

碗里什么都没有时的水面高度

有金块时的水面高度

有王冠时的水面高度

让我看看……

只上升了一点点！

可是上次，我们做实验时，水面上升得比这多得多！

那有人为的因素，因为每个人都记得那个故事。当你准确地做一次，你会发现，在真实的实验里，水面高度的变化非常小……

肥皂

你不能凭这个就宣称我的客户有罪！

哼！他是有罪的，他知道！

鸭子浮起来了，因此，一定有力将它们推向水面。

137

鸭子只排开了一点点水，而这力就足以让它处于漂浮状态了……

现在，鸭子排开的水多了，我能感觉到有一股力将我的手指往上推。

鸭子排开的水更多了，我能感觉到一股更大的力。

停，快停下来。

等等，如果排开的水越多，那向上的力就越大……

浮力 重量 密度

又有办法啦！

我希望他别再这样！

如果金和银的体积相同，那它们在水下就会受到同样大的向上的力。然而，如果其中一个稍微大点儿，那它就会排开更多的水，从而受到更大的力！

这听起来有点儿糟糕！

这听起来不错，尽管我并不明白……

我们知道，它们俩在水外重量相等。

但是，如果王冠比金块大，那么，王冠在水下就会受到更大的向上的力，这个力将使得它变轻。

天平失去了平衡——因此，王冠较大！

喏，这是真正的阿基米德原理⋯⋯

> **没入水中的物体所受到的浮力等于排开的液体受到的重力。**

多亏了阿基米德，我们才能设计和制造出轮船和潜艇。当然，如果有这个小小的结尾的话，这个故事就更好玩儿了⋯⋯

⋯⋯但是，我们只能这么讲。

时间为什么不受控制

计量时间的单位

关于时间，一件有趣的事是，它是人们唯一没有发明出用什么方法来进行测量的东西。我们确定了 1 米有多长，1 千克是多重，甚至还通过圆来确定弧度，等等。只要有可能，我们就会选择这些测量单位，以便数据处理起来更简单。但是，不幸的是，我们还没法处理时间。相反，由于时间带来的是真正困难的数学，因此，一定有一点儿微妙的幽默感。

如果我们有一个用来计量时间的单位，那还不会这么糟糕。可是，我们有至少 3 个，而我们又控制不了其中任何一个。我们主要的计量时间的单位是：

▶ 1 天，这是地球绕轴旋转一周所花的时间。

另外两个我们一直想合并的单位是：

▶ 1 年，这是地球绕着太阳转一圈所花的时间。

▶ 1 朔望月，这是从一次月圆到下一次月圆所花的时间。

142

所有其他小的时间单位都是人们设定的，诸如小时、分钟以及秒。但首先应把天挑出来。

早期的历法

最早试图把日子组织起来的是古巴比伦人。他们的注意力集中在朔望月上。他们决定让一个月有 30 天，即使他们知道一个月只有大约 $29\frac{1}{2}$ 天。

这个奇特的半天意味着每过去两个月，月亮就会早一天出现，这是很让人恼火的。更让人恼火的是，他们决定让一年有 12 个月。

如果地球绕着太阳转一圈所花的时间正好是 360 天的话，那这就很精确了。可是，不幸的是，地球始终是转 365 天。

因此，古巴比伦历法结果就造成每隔几年就会多出来一个月，以跟上变化的季节。

古巴比伦历法后来被古埃及人修改了。

古埃及人试图使天与年匹配，而不是与月匹配。他们还在第 12 个月之后另加了 5 天，使得一年的总天数达到 365 天，这就好多了。但是，由于一年有大约 $365\frac{1}{4}$ 天，考虑到那多出的 $\frac{1}{4}$ 天，于是，他们就通过每 4 年加上 1 天来弥补。这就是闰年的来历。

最后，公元前 45 年，古罗马人认为他们自己的历法太糟糕，因为，无论什么时候，政治家们在决定多出的天和月的问题上总是互不相让。尤利乌斯·恺撒大帝就采用了古埃及的历法，并调整了 12 个月，使之成为我们现在所熟知的形式，将闰年多出的一天加在 2 月的后边。恺撒还将星期调整为 7 天，甚至将其中一个月的名字"昆提里斯"改为"尤利乌斯"，随了他的名字。（现在，我们也可以称它为"尤利——7 月"。）下一任君主觉得这种以自己的名字命名月份的想法很有意思，于是，当你听到他的名字叫作"奥古斯都"时，就不必惊讶了。

143

非常偶然，1 月是用罗马双面神"雅努斯"的名字命名的，因此，我们正是进入了 1 月，才进入了新年。作为一个寒冷的月份，1 月被认为有两张面孔，一张是回顾旧的一年，另一张是展望新的一年。

丢失的日子

尽管这历法沿用了 1 600 多年，但即使是恺撒历法也没能解决这个测量问题，这是自然界提出来的。麻烦就在于，这历法是建立在一年有正好 $365\frac{1}{4}$ 天的基础上的，忽略了另外的 11 分钟 13 秒。1 582 年，珀普意识到日期已经落后了 10 天。珀普·格里高利八世决定了两件事。

▶ 我们没必要有这么多的闰年。

▶ 我们得追回丢失的 10 天。

人们说，如果不用 100 除年份，你就每 4 年有一个闰年。于是，第一个问题解决了。但是，如果用 400 除年份，你就确实有一个闰年。这就是为什么 2000 年是闰年，而 2100、2200 和 2300 不是闰年。因此，如果有人邀请你参加 2300 年 2 月 29 日的一个大型聚会，不要当真，因为他只是在开玩笑。

第二个问题就有趣得多。要追上正确的日期，每个人都得往前跨越10天。这就意味着，比如，从4月1日跳到4月12日。（是的，那倒会让一部分日子丢失！数一数吧：2，3，4，5，6，7，8，9，10，11。）对许多人来说，那是相当可怕的。

尽管所有的天主教国家都立即按照格里高利说的去做了，但别的国家都过了很长时间才这样做。英国直到 1752 年才跟上，而到那时，我们得跨越 11 天了，因为 1752 年是闰年，而在闰年，我们本不该那样做。我们直接从 9 月 2 日到了 9 月 14 日——因此，如果你研究历史，不要醉心于这个……

1752 年 9 月 7 日发生了什么事？

根本就没任何事！

你可能会认为丢掉的 11 天使得 1752 年变短了，但是它仍然比 1751 年长！时至今日，英国仍然将 3 月 25 日当作新年的开始，而不是 1 月 1 日。因此，1750 年的最后一天是 3 月 24 日，第二天就是 1751 年的 3 月 25 日。然而，为了让每个人都适应，英国 1751 年历法法案宣称，12 月 31 日是 1751 年的最后一天，1752 年从 1 月 1 日开始。结果，1751 年就比正常的年份少 83 天。

至少，今年的日历比较便宜……

日历

三月

为什么闰年叫作"闰"年

如果你的生日在今年是星期二，那么，明年，它一般就会是星期三。但是，如果你的两次生日之间有一个闰年日（也就是2月29日）的话，那你就会"闰"出来一天，你的生日就会从星期三跳到星期四。

你的日历现在准确吗

不。尽管我们总是有闰年的确切数目，但每3225年我们就需要再加一天，甚至这还不完全准确！当然，地球转得越来越慢使得每一天都比前一天长了0.00 000 002秒，但这无助于此。因此，有时我们会进行相当精确的测量。1989年12月31日正午夜，在1990年开始之前，人们增加了1闰秒！这使得你认为，无论是谁创造了宇宙，在我们试图破解宇宙之迷时，他一定正在嘲笑我们的努力。

其他历法

珀普·格里高利的历法是建立在基督教的基础上的，其他宗教也有它们自己的体系。伊斯兰历法和希伯来历法都是以29到30天的朔望月为基础的。两套系统都在必要时增加了闰日或闰月，这是具有创造性的方法。古阿兹台克人有一套更为有趣的系统，这套系统将一年365天的历法和260天的宗教历法混用。每过73个教年，就会过整整52个普通年。每到那时，他们都会庆祝。他们用活人祭祀，划开牺牲者的胸腔，在里面点上火。好个古老的阿兹台克人，办的有些事非常好笑吧？

147

时间测量和拉丁语

既然我们已经解决了天的问题，我们就可以明白人们对天进行的划分是这样的：

▶ 1 天等于 24 小时

▶ 1 小时等于 60 分钟

▶ 1 分钟等于 60 秒

我们常常将 24 小时划分为上午 12 小时，下午 12 小时。中间的那个时间叫作"中午"。如果你能看见太阳，那此刻就是它在天空最高处的时间（这个位置叫作"顶点"）。如果你更喜欢用"9a.m."来表示上午 9 点，那你意识到你是在讲拉丁语吗？拉丁语中，"之前"用"ante"表示，因此，9a.m. 就是"ante meridian(顶点之前)"的 9 点整的简写。由于拉丁语中用"post"表示"之后"，所以，当你用 9p.m. 表示晚上 9 点的时候，你认为"p.m."代表什么含义呢？

数字时钟怕麻烦而不用"a.m.""p.m."来表示时间，因此，它们多用"24 小时"来代替。上午的时间看起来几乎相同。例如 7:15a.m. 看起来和 07:15 一样。但是，在下午，4:45p.m. 就显示为 16:45。如果你不习惯于像 16:45 这样的时间，那你就从小时的数里减去 12，这样，你就明白那是 4:45p.m.。

148

关于时钟的零数

显然，时间就是你在数字时钟上所看到的。因为它列出小时，然后是分钟，再然后，它也许还会告诉你秒。

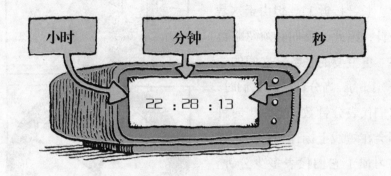

这儿的时间是 22 点 28 分 13 秒。当然，这个"22"告诉我们，早已过了中午。因此，如果我们减去 12，就会发现，时间是晚上 10 点 28 分 13 秒。

如果你想了解更多的关于时间的知识，尤其关于老式的时钟的知识，你可以在《要命的数学》中找到答案。但是，由于本书是关于测量的，因此，你应该知道有些普通时钟显示时间的方式是非常奇怪的。假设你有一把直尺，上面有一条线，这条线只意味着厘米或者毫米。然而，时钟上面的数字和线就完全不同了，它们的含义取决于针所指向的位置！

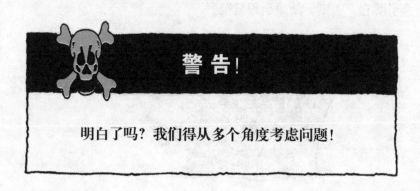

警告!

明白了吗？我们得从多个角度考虑问题！

数字只告诉你包含的小时，因此，唯一用到这些数字的只有短小的时针。在这个例子中，小时大约是"2"。

长针接近 11，但由于这是分针，因此，我们必须忽略数字。更重要的是数字之间的短线，因为，当分针指向它们时，它们代表分钟数。通常，时钟不会在短线上标任何数字，你得习惯于它们代表多少分钟。在这个例子中，你将看到，在小时线之前，只有 4 分钟，那就是 1 点 56 分。

最后——保持平静

另一根在移动的长针，是秒针。这根针对那些小短线的指示方法与分针相同，那些短线代表秒。那些秒数并没有任何标志，也没有提示语之类的，因此你只需记住关键的一点：你能看见它移动的那根针是秒针。它值得你对自己重复数百遍，以保证你完全了解它，否则，结果会很危险。

这太简单了！

哦，真的？假想你忘了秒针的含义。你可能会突然认为秒针是表示小时的。唉——那就意味着，你将会看见你的生命以每分钟 12 小时的速度溜走！一小时那就是大约一个月——明天的这个时候，你就老了 2 岁；12 个月之后，你就有 730 多岁了。

现在谁看起来那么蠢，嗯？别说没人警告过你。

151

从瓦特到天气

现在，我们已学了长度、面积、体积、密度、角，以及时间。几乎每样东西都可以进行测量。这儿有一个指南，是关于如何对不同东西进行测量，以及用什么单位进行测量。

速度

速度能告诉你物体运动得有多快。如果你想测一下某人能跑多快，那你需要一只表，还需要知道他们要跑的距离。

要算出速度，你应该用距离除以他们所用的时间。在这个例子中，你会得到：

$$速度 = \frac{距离}{时间} = \frac{100 \ 米}{42 \ 秒} = 2.38 \ 米 / 秒$$

如果你想将 m/s（米 / 秒的简写方式）转化成千米 / 小时（km/h），你只需将 m/s 的速度值乘 3.6。在这个例子中，2.38m/s 变成了 8.57km/h。如果你想知道 3.6 的来历，在《特别要命的数学》中有一整章对此进行讲解。

当然，有另一种办法测量速度。如果你是坐在汽车里，你就能从速度表上读出速度。如果你是一名交警，你就能站在路边，拿着一个类似射线枪的东西，它能测出任何车辆的速度，也能测出从你身旁飞跑过的老太太的速度。

温度

你通常用温度计来测量温度，尽管对于那些过热或过冷的东西，你也许必须用一些特别的电子设备。通常，我们用"摄氏度"来表示温度，符号为"℃"。和许多用于测量的事物一样，摄氏度是建立在对水的测量的基础上的。因此，人们规定，水结冰的温度是 0℃，水沸腾的温度是 100℃。你的血液的温度介于这两个温度之间，是 37℃左右。核反应产生的温度高达几百万摄氏度。但是，你能得到的最冷的温度是"绝对零度"，等于 –273.15℃。

如果你进入严谨的物理学领域，你就应该用"开尔文"(K)，而不是摄氏度。0K 是绝对零度，水在 273.15K 结冰。换句话说，摄氏温度与开尔文温度相差一个常数 273.15K。

顺便说一下，如果你有一个虐待狂式的小组教练，当她像这样说话，你就得当心：

　　如果她说的是摄氏度，那你就会有一个好天气。如果她说的是开尔文，那你就没法呼吸了，因为，所有的空气都会冷凝成块状固体。

出来，你们这些小家伙——我向你们保证，外面的温度是30℃！

其他单位

　　你还可以测量数以吨计的其他东西，但是，它们大多很特殊，下面只是对其中几个的指南。

力

　　在艾萨克·牛顿第一次准确地描述了力之后，力就以牛顿为单位进行测量。如果你有一小块1千克的岩石，飘浮在太空中，不会对任何人造成伤害。你决定用1牛顿的力推动它，你每推动它1秒，它的速度将以1m/s的速度增加。这就是说，10分钟之后，你这块1千克的岩石将会以600m/s的速度运动，也就是2160 km/h。事实上，你的这块小岩石突然就变得相当致命，而这全是你的错。

压力

这是压在一个面上的力，也是当你给轮胎打气时，跳入海底时，或者研究气压变化时，都必须对付的力。人们常常把压强称为压力，像托、帕斯卡、大气压，以及毫米汞柱都是压强单位，而它们也都能转化成以牛顿为单位的数字。

能量

有关于单位的一节，却不提马力，这是不公平的。因为这是一个好名字。这是一个老式的能量计量单位。主要是由于人们认为一匹马能释放出这么大的能量。在现代单位里，他们认为一匹马在 1 分钟里能将 $4\frac{1}{2}$ 吨的重物举高 1 米。

电

这包括 3 个主要的单位：伏特，可以用来判断你被电流攻击的可能性；安培，表示电流的强度；瓦特，是由伏特与安培相乘得到的，如果你被电流攻击，它能表示出你的亮度。顺便说一句，你可能会有兴趣知道，1 马力等于 760 瓦特。这有点儿悲哀，因为它表示你的普通电壶只和三匹马的力量相当。

频率

这是用赫兹（或者 Hz）进行测量的，表示事件在 1 秒钟内

155

发生的次数。你最常碰到它的地方是立体声系统，因为说话者的声音是来回振动的。如果它们每秒振动 40 次（也就是 40Hz），那么，你听见的声音就非常低沉。如果每秒振动 1 000 次（也就是 1 千赫兹或者 1kHz），你会听见音调中等的声音，就像有人在唱歌。20kHz 的声音大概是你所能听到的音调最高的声音了。因为光也是振动传播的，所以不同颜色的光波频率也可以用赫兹表示出来。幸运的是，我们的眼睛不会让我们为这个操心。如果你的眼睛看见以 700 000 000 000 000 赫兹的频率振动的光波，它们只不过是告诉你，它是蓝色的。谢天谢地！

声音

　　你能听见的声音的音量是用分贝（或者 dB）来测量的。这个量度的原理是这样的：如果你的音量提高 10dB，那你的声音就大了 2 倍。一段普通的对话大约是 65dB，摩托车驶过大约是 110dB。任何高于 130dB 的声音都会毁掉你的耳朵。如果不信，你可以问问 1976 年 5 月 31 日那天在英国查尔顿运动场上举行的那次"The Who（谁）乐队"的音乐会上，站在距离舞台 50 米内的人。

光

　　你能看到的光的亮度用坎德拉表示。这个单位源于蜡烛的亮度。现在你想知道 1 坎德拉是多少吗？真的吗？哦，那么继续吧。1 坎德拉就是频率为 5.4×10^{14} Hz，能量为 $\frac{1}{683}$ 瓦特，每球面度的锥形光的亮度。换句话说，拿着一个手电，取出电池，塞进去一支蜡烛，让它在你的脸旁发光，那就是 1 坎德拉。

风

风速常用"风速计"来测量。"风速计"是一个小小的能旋转的东西，上边有杯状的物体，可以以米／小时（m/h）为单位测出风速。更有趣的是，这套装置叫作"*波弗特比例尺*"，设计它是以便于你只需看看周围的东西就可以说出风速。比例尺上的"0"表示绝对无风，"1"表示有一点儿轻风。当到了"4"的时候，风就够大，可以吹动周围的干草和叶子了。"6"表示海上的大风，"9"表示风开始掀动你屋顶的瓦片，"12"意味着你有大麻烦了。之后，你把波弗特比例尺放进龙卷风里，强度"1"表示 120 km/h，从"1"开始到最大值"5"，高达 250 km/h 的峰值。

雨水

天气预报员喜欢测量雨水，并用毫米来表示测量结果。如果你想试一试，就在外面放一只玻璃杯，收集天上掉下的任何水——包括雨水、雪水、露水，或者冰雹。玻璃杯越大越好，但是，它的壁必须是垂直的，就像锡罐头那样。你每天测一下玻璃杯中水的深度，那会告诉你，你收集了多少毫米的雨水。如果天气预报员的玻璃杯中，雨水超过整整 20 毫米，他们就会非常兴奋。因为，这意味着下暴雨了。

所有测量中
最令人悲哀的

　　还有最后一部分测量要做，这得用到你的食指和拇指。捏一捏本书右手边的部分，自己判断一下——我们还剩下多少页没看？是的，很悲哀，实在没几页了。这么快，我们就必须要离开这疯狂的，费脑力的，而且常常被人误解的危险的数学世界了。然而，在我们各走各的路之前，这儿有一个提示，将有助于你进行每一次计算，无论它是极其简单，还是简单之极。

　　当你开始摆弄数字和小数点、除号，以及其他任何计算符号时，靠后坐一分钟，做一个深呼吸，揉揉你的眼睛，把手指插进鞋里，轻轻挠一下脚。然后，大致估计一下你可能得到的答案。

　　这真的是很值得的，尤其是如果你遇到测量的麻烦时！到那时，你将在所有相关的数字和符号中摸索，你会很容易忘记你最初想要干什么。

"经典科学" 系列（26册）

肚子里的恶心事儿
丑陋的虫子
显微镜下的怪物
动物惊奇
植物的咒语
臭屁的大脑
神奇的肢体碎片
身体使用手册
杀人疾病全记录
进化之谜
时间揭秘
触电惊魂
力的惊险故事
声音的魔力
神秘莫测的光
能量怪物
化学也疯狂
受苦受难的科学家
改变世界的科学实验
魔鬼头脑训练营
"末日"来临
鏖战飞行
目瞪口呆话发明
动物的狩猎绝招
恐怖的实验
致命毒药

"经典数学" 系列（12册）

要命的数学
特别要命的数学
绝望的分数
你真的会＋－×÷吗
数字——破解万物的钥匙
逃不出的怪圈——圆和其他图形
寻找你的幸运星——概率的秘密
测来测去——长度、面积和体积
数学头脑训练营
玩转几何
代数任我行
超级公式

"科学新知" 系列（17册）

破案术大全
墓室里的秘密
密码全攻略
外星人的疯狂旅行
魔术全揭秘
超级建筑
超能电脑
电影特技魔法秀
街上流行机器人
美妙的电影
我为音乐狂
巧克力秘闻
神奇的互联网
太空旅行记
消逝的恐龙
艺术家的魔法秀
不为人知的奥运故事

"自然探秘" 系列（12册）

惊险南北极
地震了！快跑！
发威的火山
愤怒的河流
绝顶探险
杀人风暴
死亡沙漠
无情的海洋
雨林深处
勇敢者大冒险
鬼怪之湖
荒野之岛

"体验课堂" 系列（4册）

体验丛林
体验沙漠
体验鲨鱼
体验宇宙

"中国特辑" 系列（1册）

谁来拯救地球